KB265370

원자력은 아니다

원자력은 아니다

헬렌 칼디코트 지음 | 이영수 옮김

YANG 양문 MOON

용기 있는 결단이 필요한 시기

오늘날 미국의 에너지정책에서 원자력은 매우 중요한 부분이다. ……미국의 전기는 원자력산업을 통해 온실가스의 배출 없이 효율적이고 안전하게 공급되고 있다.

　　　　　　-체니 부통령, 원자력에너지협회 연설(2001. 5. 22)

미국에 있는 103개의 원자력발전소들은 대기오염이나 온실가스를 1파운드도 발생시키지 않으면서 미국 전기생산량의 20퍼센트를 차지한다.[1]

　　　　-부시 대통령, 칼버트 클리프스 원자력발전소 연설(2005. 6. 22)

현 정부는 확신을 가지고 자주 선언을 하면 일반대중들이 반복되는 선언의 내용을 믿을 것이라고 확신한다. 하지만 핵에너지가 '온실가스의 배출 없이 효율적으로 안전하게' 생산되고 공급된다는 것은 어떤 부분도 사실이 아니다. 실제로 핵에너지는 오늘날 주요 온실가스와 오염물을 방출하고 있으며, 향후 10년에서 20년 동안 기존 에너지원과 마찬가지로 온실가스와 오염물을 생성하리라고 예측된다. 또한 핵에너지는 연구개발을 위해 대학이나 군수산업체에 의존하며, 민간투자자에게는 투자 위험이 너무 높아 납세자 부담의 정부보조금까지 집어삼킨다. 더욱이 체르노빌에서 바람이 불어가는 쪽에 있는 벨로루시의 주민들 가운데 1986년부터 2001년까지 갑상선암을 진단받은 8358명의 사람들이 원자력을 설명할 때 '안전한' 이라는 형용사를 선택할지는 역시 의문이다.

원자력은 분명히 원자력산업이 주장하는 것처럼 '환경친화적이며 청정' 하지 않다. 왜냐하면 전통적인 화석연료의 막대한 양이 원자로 운영에 필요한 우라늄을 채굴하고 정련하는 데 사용되며, 육중한 콘크리트 원자로 건물을 건설하고 핵반응과정에 의해 생성되는 유해 방사성 폐기물을 운송하고 저장하는 데 사용되기 때문이다. 화석연료를 태우면서 가장 중요한 온실가스인 이산화탄소(CO_2)의 많은 양이 대기로 방출된다. 그 외에도 우라늄을 농축하는 동안 지금은 금지된 프레온가스(CFCs)의 상당량이 방출된다. 프레온가스는 이산화탄소보다 1만~2만 배 더 치명적인 대기의 열잡이 기체(atmospheric heat trapper)—즉 온실가스—일 뿐만 아니라 고전적인 오염물질로서 오존층의 강력한 파괴자다.

현재 원자력으로 전기를 생산하면, 유사한 규모의 기존 화력 발전기로부터 방출되는 이산화탄소의 3분의 1에 불과한 양이 방출된다. 하지만 이것은 일시적인 통계치일 뿐이다. 앞으로 70~80년 동안 농도가 높은 우라늄 광석이 감소함으로써 농도가 낮은 광맥에서 광석을 추출해야 하기 때문에 더 많은 화석연료가 필요할 것이다. 이렇듯 한정된 부존자원인 우라늄을 채굴하고 농축하는 데 막대한 양의 화석연료가 필요하므로 10~20년 내에 원자력에너지를 적자에서 흑자로 돌릴 수 없다. (원자력산업계는 사용된 연료를 재처리함으로써 막대한 양의 우라늄을 얻을 수 있다고 강력하게 주장한다. 그렇지만 이 과정은 많은 비용 못지않게 원자력 분야의 근로자들을 심각한 의학적 위험 속에 빠뜨릴 수 있다. 또한 많은 양의 방사성 물질이 대기와 물로 유출되므로 그것은 결코 현실적인 방법이 될 수 없다.) 결국 원자력발전소의 가동은 기존의 화력 및 수력발전소와 동일한 양의 온실가스와 공기 오염물을 방출하고 있다.

원자력산업계의 주장과는 반대로, 원자력발전소를 무리하지 않게 가동해도 방출이 생길 수밖에 없다. 왜냐하면 원자력발전소가 '관례적으로' 매년 수십만 퀴리(curie: 방사능의 강도를 나타내는 단위로 기호는 Ci―옮긴이)의 방사성 기체와 다른 방사성 원소들의 방출을 법적으로 허용하고 있기 때문이다. 수천 톤의 고제 방사성 폐기물은 현재 미국 내 103개와 전 세계 수백 군데에서 운영되는 원자력발전소의 냉각수조(cooling pool) 안에 축적되고 있다. 이 폐기물은 환경과 인간의 먹이사슬을 오염시킬 극단적으로 유독한 원소들과, 원자력발전소 및 방사성 폐기물 시설 근처 주민과 그 이후 세대에게 암과 백혈병 같은 유전적 질병을 일으킬 수도 있는 물질들을 포함하고 있다.

더욱이 원자력은 터무니없이 비싸고 믿을 수 없는 것으로 악명이 높다. 월스트리트는 어떤 종류의 원자력 투자에도 다시 관련되고 싶어하지 않는다. 미국 의회가 2005년 에너지 법안에서

빈사상태의 원자력산업을 소생시키기 위해 130억 달러를 보조금으로 배분한 사실에도 불구하고 말이다. 설상가상으로 사용 가능한 우라늄 연료의 전 세계적 공급은 한정되어 있다. 만약 전 세계의 전기생산이 핵에너지로 대체된다면, 우라늄을 사용할 수 있는 기간은 9년 미만이 될 것이다. 그리고 어떤 기업이 사업적 검토를 거쳐 원자력이 이익을 내는 투자라고 확신하더라도, 원자로용해를 유발하는 원자로의 주요 사고는 모든 투자를 물거품이 되게 하고 원자력의 영원한 종말을 알리는 신호가 될 것이다.

또한 오늘날 원자력발전소는 원자로의 통제실 안으로 비행기, 트럭폭탄 테러, 무장공격 등 비밀스런 침입을 유혹하는 테러리스트들의 명백한 목표물이기도 하다. 그 결과로서 일어나는 원자로용해는 인구가 밀집된 지역의 수십만 명을 죽음으로 몰아갈 수 있는데, 그들은 며칠 또는 몇 년에 걸려 급성 방사선 질환이나 암, 백혈병, 선천성 기형 또는 유전적 질환으로 천천히 고통스럽게 죽을 것이다. 예를 들면, 맨해튼에서 35마일 떨어진 인디언포인트(Indian Point) 원자력발전소의 원자로용해는 세계 주요 금융 중심지를 영원히 무력화시킬 수 있다. 시카고를 둘러싼 13개의 원자로[2] 중 하나만 공격당해도 대이변적인 결과를 낳을 것이다. 그런데도 미국 원자력발전소의 안전은 여전히 9·11 테러 이전과 같은 해이한 수준으로 유지되고 있다.

위험에 대해 덧붙이자면 원자력발전소는 본질적으로 원자폭탄 제조공장이다. 1000메가와트의 원자로는 1년에 500파운드의 플루토늄을 생산한다. 그런데 하나의 원자폭탄을 만드는 데는 10파운드의 플루토늄이 필요할 뿐이다. 원자로급 플루토늄으로 만들진 조잡한 원자폭탄 한 개만으로도 도시 하나를 황폐화시키기에는 충분하다. 그러므로 원자력발전소를 확보한 임의의 비핵무기 국가는 원자폭탄을 만들 수 있는 능력을 보유한 것이나 마찬가지다(이것이 오늘날 세계가 이란과 충돌하는 명확한 이유이기도 하다). 전 세계의 원자력산업계는 '지구온난화를 방지한다'는 그들만의 전매특허적인 거짓말로 개발도상국에게 불법적인 상품을 강매한다. 그 결과 핵무기가 확산될 것이며, 결국 이 상황은 이미 불안정한 세계를 더욱 불안정하게 만들 것이다.

한편 원자력산업을 소생시키기 위해 소비되는 10억 달러는 값싼 재생에너지 전기생산의 기회비용을 도둑질해오는 것이다. 이 10억 달러가 기본적인 에너지 보존은 물론이고 풍력, 태양에너지, 열병합발전, 지열에너지, 바이오매스(biomass: 열 자원으로서의 식물 및 동물 폐기물-옮긴이), 그리고 조력 및 파력 발전을 지원하는 데 투자된다면 무엇을 할 수 있을지 생각해보라. 위의 에너지원들은 미국 내에서 현재 소비되는 전기의 20퍼센트를 감당할 수 있는 것들이다.

2005년 10월에 발간된 그린피스(Greenpeace) 보고서는, 태양에너지가 2025년까지 태양이 비치는 지역에 사는 1억 명의 사람들에게 청정전기를 공급할 수 있다고 강조했다. 그와 관련한 기업들은 5만 4000개의 일자리를 창출하며, 199억 달러의 가치를 가진다. 불과 20년 안에 태양에너지의 전기량은, 예를 들면 78개 화력발전소가 이스라엘, 모로코, 알제리와 튀니지의 수요를 충족시키는 전력량과 동등하게 될 것이다. (이집트는 현재 정부 부서가 주관해서 재생에너지원의 개발에 전념하는 세계에서 몇 안 되는 국가 중 하나다.[3])

영국정부에 의해 설립된 독립회사인 카본 트러스트(Carbon

Turst)는 적절한 투자만 있다면, 조력과 파력 같은 해양에너지가 현재 영국 전기 수요의 20퍼센트까지를 공급할 수 있다고 평가했다. 영국 풍력에너지연합(British Wind Energy Association) 마커스 랜드(Marcus Rand) 회장은 "그 보고서는 영국이 영국을 위한 새로운 세계일류급의 산업들을 창출함과 동시에 탄소 배출을 상당히 감소시키도록 파도와 조류를 통제할 수 있다는 비전을 제시하며, 이에 의해 우리 영국인들은 고무된다"[4]고 지적한다.

로키마운틴연구소의 에머리 로빈스(Amory Lovins)에 따르면, 재생에너지원인 바람, 열병합발전, 바이오매스, 지열에너지, 태양 및 물(거대한 수력댐에 의해 발생되는 전기는 제외)의 에너지에 의해 제공되는 전기생산이, 2004년에 원자력이 전 세계에 공급한 전기용량의 509배에 달했고, 전 세계 전기생산은 원자력이 제공한 양의 2.9배에 도달했다. '사소하게 보이는' 이 전기 원천들은 이미 원자력발전의 연간 성장을 상대적으로 작아 보이게끔 한다. 그리고 전문가들은 2010년까지 그러한 에너지들이 원자력이 제공하는 전기용량의 177배를 넘어설 것이라고 예측한다.[5]

원자력이 외국 석유에 대한 미국의 만족할 줄 모르는 의존성을 감소시키는 데 이용될 수 있다는 원자력 지지자들의 말은 옳지 않다. 석유와 그 부산물인 가솔린은 자동차와 트럭 안에 있는 내부 연소엔진에 연료를 공급하는 데 사용된다. 석유는 건물의 난방에 사용되기도 한다. 그러나 석유는 전기송전망에 동력을 공급하지 않는다. 전기조명, 컴퓨터, 비디오카세트 레코더, 송풍기, 헤어드라이어, 스토브, 냉장고, 에어컨과 산업적 수요를 위한 동력 공급에 사용되곤 하는 송전망은 석탄과 다른 화석연료들의 연소를 통해서 주로 동력을 공급받으며, 현재는 원자력을 통해서도 공급받는다. (석유는 미국 내에서 2퍼센트에 해당하는 극소량의 전기를 발생시킨다.)

정확히 전기는 어떻게 발생되는가? 미국에서 발생되는 전기의 7퍼센트를 생산하는 수력발전의 경우에 낙하하는 물의 운동량이 전기로 변환된다. 나머지 93퍼센트는 석탄(50퍼센트), 천연가스(18퍼센트), 원자력(20퍼센트), 그리고 석유(2퍼센트)가 막대한 양의 열을 생산하는 데 사용된다. 생산된 열이 물을 끓게 만들고, 끓는 물이 수증기로 변해 터빈을 돌리며 전기를 발생시킨다. 따라서 본질적으로 원자로는 물을 끓이는 매우 복잡하고 위험한 방식일 뿐이다. 이는 체인이 달린 톱으로 버터 1파운드를 자르는 것에 비유될 정도로 무모하고 위험한 일이다. 반면에 불행히도 현재 미국에서 풍력은 단지 2퍼센트를, 태양에너지는 1퍼센트 미만을 공급한다. 전 세계적으로 석탄은 세계 전기의 64퍼센트를 공급하고, 수력과 원자력이 각기 17퍼센트, 재생에너지원은 2퍼센트를 공급한다.[6]

상황이 이런데도 갈수록 많은 사람이 원자력산업계가 유포한 원자력의 신화를 믿는다는 것은 비극적인 일이다. 그 신화는 원자력이 방사성 물질을 방출하지 않으며 온실가스를 생산하지 않으므로 지구온난화에 대한 해답이라는 것이다. 2005년 5월 영국 총선 이전에 원자력산업계는 정치가와 미디어, 그리고 일반 국민을 목표로 세련된 대중 캠페인을 천천히 그리고 확실하게 진행시켰다. (그 캠페인은 영국 핵산업협회에 의해 조정되었는데, 교묘하게도 원자력의 미심쩍은 점은 설명하지 않으면서, 풍력으로 생산되는 전기와 다른 대안적 동력원의 현재 부족상태에 초점

을 맞추고 있었다.[7]

영국 통상산업부 역시 2005년 선거를 원자력 홍보의 기회로 여겼다. 통상산업부 전략부서의 아드리안 갤트(Adrian Gault)는 온실가스 방출을 차단하는 2050년까지 원자력이 영국 전기의 절반을 공급할 것이라는 제멋대로의 비공식적인 예측을 내놓았다. (통상산업부의 원자력산업국은 2001년에 이미 국제컨소시엄에 참여하여 영국과 미국 회사에 의해 만들어질 원자로를 건설하기로 동의했다. 결국 그들의 실제 계획은 4년 전에 수립되었고, 2005년 5월의 캠페인은 단지 영국의 대중들에게 예정된 정책의 우수성을 알리면서 설득하기 위한 시도였을 뿐이었다.[8]

영국의 원자력산업계는 하원의원과 다른 영향력 있는 대중적 인사들에게 원자력의 이점을 설득하기 위해 열심히 활동하고 있다. 가이아이론으로 널리 알려진 영국 과학자 제임스 러브록(James Lovelock) 박사도 지구온난화 위기에 대한 해결책으로서 원자력의 이용을 옹호하지만 이는 틀린 것이다.[9] 영국정부의 과학수석자문위원인 데이비드 킹(David King) 경은 지구온난화 관련 회의의 목표는 증가하는 에너지 수요를 만족시키기 위한 것이며, 이 목표를 달성하기 위한 유일하고 실제적인 방법이 원자력이라고 말한다.[10] 영국 그린피스 사무총장으로서 지금은 버슨-마스텔러(Burson-Marsteller)라는 홍보회사에서 일하는 피터 멜체트(Peter Melchett) 역시 이런 개념을 공공연히 지지한다. 영국의 원자력산업은 정부보조금을 보장받기 위해 충분한 정보를 공개하지 않고 진실을 은폐해 왔다. 원자력산업을 위한 정부보조금 프로그램(이것은 아마도 공급의무 보증이라고 불릴 것인데)은 본질적으로 원자력을 국유화한 상태로 '자유시장' 경제체제

에 안착시키는 것이다.[11]

2006년 영국에서 원자력은 손꼽히는 정치적 의제가 되었다. 이는 2006년 1월에 러시아가 우크라이나에 대한 천연가스 공급 중단을 결정함에 따라 유럽의 많은 국가들에게도 공급이 끊어져, 장관과 관료들이 임박한 에너지 위기를 설명하기 위해 매진했기 때문이다. 이 사건은 그러잖아도 원자력산업계에 우호적이었던 블레어 총리와 영국 통상산업부 원로들에게 새로운 원자력발전소가 필요하다는 것을 확신시키는 데 도움이 되었다.

이와 유사하게 미국과 캐나다에서는 부시／체니／원자력산업의 홍보성 수사학이 환경보호론자들에게까지 영향을 주는 것으로 보인다. 《전지구 카탈로그*Whole Earth Catalogue*》의 저자인 스튜어트 브랜드(Stewart Brand)[12]와 예일대학의 임업과 환경 연구부문 학장인 거스 스페스(Gus Speth),[13] 전(前) 그린피스 캐나다 위원이며 현재 채굴·어획·목재 회사들을 자문하고 있는 패트릭 무어(Patrick Moore)[14] 등도 원자력산업의 선전을 긍정적으로 수용하고 있다. 반면에 원자력산업의 진상을 밝히는 일은 점점 중대한 문제가 되어가고 있다. 왜냐하면 원유를 둘러싼 국제 전쟁이 세계대전 혹은 핵전쟁으로 확대되어 인류 생존을 위협하기 때문이며, 또한 NASA의 저명한 과학자들이 지구온난화에 대한 진실을 용기 있게 말할 경우 부시 행정부로부터 압력을 받기 때문이다.[15]

조지 부시(George Bush) 대통령과 딕 체니(Dick Cheney) 부통령이 시장경제라는 찬바람에 단 한번도 노출되어 본 적이 없는 원자력산업에 대해 관심을 기울이고 마음이 사로잡힌 이유를 상술하는 것은 흥미로운 일이다. 그들은 다른 분야에서는 냉정하게 시장경제 원칙을 고수해 왔다. 물론 대통령과 부통령은 심화된 과학교육을 충분히 받지 않았기에, 원자력산업과 연관된 과학적이고 의학적인 문제를 이해하는 데 매우 강한 부담을 느낄 것이다.[16] 하지만 그들은 모두 이 산업을 통해 직간접적으로 많은 돈을 번 석유와 관련된 사람들이다. 즉 그들은 정치적 기부를 위한 큰 사업에 깊이 은혜를 입은 사람들이다. 그들은 지구온난화나 원자로용해, 그리고 핵오염이라는 위협의 형태로 지구라는 행성이 직면한 무시무시한 상황은 말할 것도 없고, 미국인의 건강과 복지에도 관심이 없다.

한편 모순적이게도 부시 행정부는 현재 지구온난화가 심각하게 진행되고 있고 그것이 인간 활동에 의해 유발된다는 점은 인정하지 않으면서, 원자력의 생산 증가를 정당화시키는 데 지구온난화라는 쟁점을 이용하고 있다. 즉 그들은 자신들이 인정하지 않고 있는 지구온난화라는 문제의 해결책이 원자력이라고 주장하고 있는 셈이다. 체니는 원자력으로 인한 전기는 대기의 온도 상승 원인의 50퍼센트를 차지하는 이산화탄소를 생산하지 않는다고 주장했다.[17] 또한 미국 원자력선전기구(Nuclear Propaganda Apparatus)는 정치인과 대중 모두를 확신시키기 위해 많은 생명체를 소멸시킬 수 있는 이 파국적인 지구온난화의 합리적인 해결책은 원자력밖에 없을 것이라고 강력하게 주장했다.

취임 후 10일이 채 못 되어 체니는 "정직하고 성실하게 직무를 수행할 것"이라고 약속했다. 당시 그는 국가 에너지정책 개발그룹이라는 정부의 에너지 특별전담기구도 담당하고 있었다.[18] 2001년 4월 17일, 체니는 지금은 불명예스럽게 된 엔론사(Enron Corporation)의 CEO 케네스 레이(Kenneth Lay)를 만나 '에너지

정책 문제'와 '캘리포니아의 에너지 위기'를 논의했다. 그 모임에서 레이는 체니에게 기업이 원하는 3쪽 분량의 목록을 주었다. 에너지정책 개발그룹의 최종보고서와 보고서에 상충되는 그 메모를 비교해보면, 체니의 에너지특별전담기구는 여덟 가지 정책 분야 중 일곱 가지를 레이가 요청한 메모의 내용을 변경해 채택했다. 통틀어 17개 정책이 엔론이 요구한 대로 결정되었다.[19]

정부의 에너지 제안서 기초가 된 특별전담기구 보고서를 준비하는 동안, 체니와 그의 조력자들은 레이와 엔론의 임직원들을 최소한 여섯 번은 만났다. 체니의 참모들 역시 엔론이 후원하는 '클린파워그룹(Clean Power Group)'이라는 로비조직을 만났다. 1972년 연방자문위원회법이 체니의 사례와 같은 특별전담기구는 공적인 회합들을 수행해야 하며, 대중에게 자료를 공개해야 한다고 규정했음에도 불구하고, 체니와 그의 조력자, 그리고 내각의 부서들은 반복적으로 이런 회합의 기록자료 요청을 거부해 왔다.[20] 결과적으로 우리는 엔론이 그 회합에서 원자력에 대해 옹호했는지의 여부는 알 수 없다. 그러나 엔론이 부시/체니 진영에 플로리다 재검표 투쟁 펀드라는 상당한 기부를 함으로써 부시/체니 취임에도 많은 기여를 했고, 이것이 법적·윤리적 논란을 야기했다는 것은 알고 있다.[21]

미국 원자력학회(American Nuclear Society)는 최근 샌디에이고에서 전 세계 과학자들과 민간 전문가들이 참석한 가운데 학술대회를 열었다. 그들이 내세운 강력한 구호는 간단했다─반대자를 놀래켜라, 장래 계획을 세워라, 조정하라, 일이 벌어진 뒤에 대응하지 말고 사전대책을 강구하라, 반핵단체와 싸우고 커뮤니케이션하라.[22] 이런 광범위한 선전 캠페인은 전 세계적으로 확대되고 있다. 특히 아르헨티나와 브라질, 캐나다, 유럽연합, 프랑스, 일본, 한국, 남아프리카공화국, 스위스, 영국, 미국정부로 구성된 제4세대 원자력시스템 국제포럼(GIF: Generation IV International Forum)은 원자력의 이점들과 기술적·제도적 장벽들, 가장 유망한 핵에너지 시스템에 대한 연구를 수행하기 위해 미국 원자력에너지연구 자문위원회와 공동연구를 하고 있다.

원자력발전소 건설에 몰두하는 국가들 중에는 이미 아홉 개의 원자로를 보유하고 있고, 또 30개의 원자력발전소 건설을 계획 중인 중국이 포함된다. (30개의 발전소를 건설한다 해도 원자력은 에너지 수급비율상 단지 5퍼센트만을 제공할 것이다. 반면 국제에너지기구(International Energy Agency)에 따르면, 중국의 천연가스에 의한 전기발전 용량 퍼센트는 2030년까지 현재 1퍼센트에서 6퍼센트로 증가할 것이라고 예상된다.[23]) 인도, 일본, 대만, 터키, 벨로루시, 베트남, 폴란드, 한국에서도 새로운 원자력발전소가 고려중이거나 건설중이다. 핀란드와 러시아에서는 7,8개의 발전소가 건설중이다.[24]

미국 에너지부의 밀실에서 풍력과 태양에너지, 수력과 지열에너지는 '소프트(soft)'한 에너지 경로라고 언급되는 반면, 원자력은 종종 '하드(hard)'한 에너지로 언급된다. 명백히 미 국방성의 장군들이 핵무기와 핵전쟁의 다양한 측면들을 설명하기 위해 사용하는 용어가 전기발전 분야의 강력하고 영향력 있는 사람들이 사용하는 원자력 어휘체계 안으로 위치 이동되어 있다.[25] 의사로서 나는 문제의 뿌리 깊은 근원이 규명되지 않는 한 치료는 있을 수 없다고 강력히 주장한다. 그러므로 원자력 갱단의 은폐된 내부를 병리학적으로 해부하고, 냉정한 지성으로 환부를 비출 필요가 있다.

　　이산화탄소를 발생시키지 않는 재생에너지 분야의 성장 잠재력은 엄청나다. 이를 위해 요구되는 것은, 긴급하게 에너지 보존을 명령하는 진지한 법을 법제화하고, 현재 원자력산업에 지원되는 정부보조금을 대안적인 재생에너지 쪽으로 옮기고자 하는 정부 지도자의 의지다. 기업들 역시 우리를 기대감으로 흥분시키는 다양한 비오염 에너지 기술들에 투자하도록 장려되어야 한다. 말 그대로 지구는 지금 중환자실에 입원해 있는 환자와 다를 바 없다. 이제 지구의 생존은 우리 모두가 얼마나 용기 있게 진단하고 강력한 치료를 해나가느냐에 달려 있다.

1.
계산되지 않은 원자력 에너지의 비용

미국 원자력산업을 위한 선전의 날개역할을 하는 원자력에너지협회(NEI: Nuclear Energy Institute)는 해마다 수백만 달러를 여론조성을 위해 소비한다. 《사이언티픽 아메리칸》, 《뉴요커》, 《워싱턴 포스트》와 《롤 콜*Roll Call*》, 《힐*The Hill*》 같은 국회의사당의 간행물들에도 원자력에너지협회에 의해 작성된 5쪽짜리 광고가 광범위하게 게재된다.[1] 그런 광고의 주요 목적은 전기의 전통적인 에너지원보다 핵에너지가 '더 청정하고 더 환경친화적'이라는 가정을 확립시키는 것이다. "우리의 103개 원자력발전소는 어떤 것도 태우지 않으며, 그래서 그들은 온실가스를 발생시키지 않는다"는 식의 문장은, 지구 곳곳에 있는 전통적 연료의 원천인 석탄이나 석유로 생산되는 전기보다 핵에너지가 보다 환경보호적인 의식을 가지고 결정한 선택임을 강조한다. 즉 핵에너지가 이산화탄소를 훨씬 적게 발생시키며, 다른 에너지원과 관련된 지구온난화 문제를 초래하지 않는다는 것이다.

그러나 투명한 시선으로 핵에너지 생산의 실제 비용을 살펴보면 매우 다른 점을 알게 된다. 에너지를 만들기 위해서는 에너지를 사용해야 한다. 핵에너지 또한 그러하다. 핵에너지를 만드는 '에너지 비용'은 '새로운' 핵에너지를 창출하기 위해 투입되는 전통적인 연료들의 양인데, 최근까지 그것은 계산되지 않았다. 확실히 원자력에너지협회 광고에서는 그러한 자료를 찾아볼 수 없다.

정확하게 원자력이란 무엇인가? 그것은 물을 끓이는 매우 비싸고 복잡하며 위험한 방식이다. 원자로 노심 안에 있는 물속에는 우라늄 핵연료봉이 위치하고 있다. 핵연료봉은 임계질량에 도달하여 막대한 양의 열을 발생시키는데 이 열이 물을 끓인다. 그리고 증기가 파이프를 통해 통제되어 터빈을 돌림으로써 전기를 생산한다. 핵무기를 만드는 맨해튼 프로젝트(Manhattan Project: 제2차 세계대전 중에 이루어진 미국의 원자폭탄 제조계획—옮긴이)에 관련된 과학자들은 핵에너지를 활용하여 전기를 발생시키는 방식을 발전시켰다. 그들은 핵무기를 만든 무거운 죄를 탕감받기 위해 인류에게 유익하지만, 알고 보면 터무니없는 과학적 발명을 한 것이다.[2] 그리하여 핵분열은 '평화를 위한 원자들'을 동력화했고, 원자력 PR산업은 원자력이 환경에 이익이 될 것이며 '너무나 저렴하여 계량이 되지 않는', 전기의 끝없는 공급원(햇빛 단위라고 언급되는)이 될 것이라고 선언했다.

하지만 그들은 틀렸다. 물론 원자력발전소 자체는 이산화탄소를 발생시키지 않는다. 그러나 원자력을 통한 전기의 생산은 광대하고 복잡하며 숨겨진 산업 기반시설에 의존한다. 이 기반시설은 결코 그들이 선전하는 원자력산업의 모습과 다르며, 실제로는 다른 지구온난화 가스와 마찬가지로 이산화탄소를 대기 중에 다량으로 풀어놓는다. 사람들은 에너지의 자동적 생성기인 원자로만 홀로 서 있다고 믿도록 유도되었다. 하지만 실제로 핵에너지를 창출하는 데 필수적인 거대한 기반시설은 핵연료주기 (Nuclear Fuel Cycle)라고 불리는 것으로, 이것은 막대한 양의 화석연료를 필요로 한다.

이산화탄소의 생성은 핵연료주기의 생산에서 사용된 에너지 양을 나타내는 하나의 지표가 된다. 핵에너지를 만드는 데 사용되는 대부분의 에너지(연료가 되는 우라늄 광석을 채굴하여 부수고 분쇄하며, 우라늄을 농축하고 원자로를 위한 콘크리트와 철을 만들고, 방사능을 가진 뜨거운 핵폐기물을 저장하는 데 사용된다)는 화석연료, 즉 석탄과 석유를 소모해서 얻는다. 이런 물질들이 에너지를 생산하기 위해 연소될 때, 그들은 수백만 년 전 지각 아래 있던 나무와 다른 유기물질에서 탄생한 석탄과 석유의 양을 반영하는 이산화탄소를 형성한다. 탄소 1톤이 연소하면 이산화탄소 3.7톤이 대기 중에 방출된다. 이것이 오늘날 지구온난화의 근원이다.

이산화탄소와 다른 기체들은 더 낮은 대기 또는 대류권에서 담요처럼 땅을 덮으며 선회한다. 그리고 이 가스층이 온실 안의 유리처럼 작용한다. 태양으로부터 오는 백색 가시광선은 대기로 들어가서 지구표면을 데우지만 생성된 열적외선은 지구에 사로잡혀 있는 가스층을 뚫고 되돌아갈 수 없다. 이 이산화탄소가 지구온난화 현상의 50퍼센트를 차지하고,[3] 다른 종류의 기체들이 나머지를 구성한다.[4]

원자력이 다른 에너지원과 공평하게 비교되기 위해서는, 핵연료주기의 전체 에너지 투입량(원자력의 에너지 비용)이 공개되어 정직하게 산정되어야 한다. 원자력의 전체 수명 주기와 최종적인 투입에너지 대 산출에너지를 분석하는 매우 드문 연구들이 아직은 쓸모가 있다. 그 가운데서도 슈토름 반 뤼벤(Storm van Leeuwen)과 필립 스미스(Philip Smith)의 '원자력–에너지 대차대조표(balance)' 라는 연구자료는 가장 유용하다. 이 책에서 언급되는 많은 문헌들이 이 우수한 보고서로부터 유래되었다.

긴 분석 끝에 그들이 내린 최종 결론을 인용하면 다음과 같다. "원자력의 이용은 종국에는, 가장 일반적인 가스화력발전의 전기생산에서 나오는 이산화탄소의 약 3분의 1에 해당하는 양을 방출한다. 하지만 이산화탄소 방출량이 적은 농도가 풍부한 우라늄 광석은 너무 제한되어 있어서, 전 세계 전기 수요가 원자력에 의해 공급된다면 이런 광석들은 9년 안에 고갈될 것이다. 그리고 농도가 더 낮은 우라늄 광석을 사용하면, 화석연료를 직접 연소시키는 것보다 더 많은 이산화탄소가 발생할 것이다."[5] 이런 경우에 원자로는 복잡하고 비싸며 비효율적인 가스버너로 가장 잘 비유될 수 있다.[6]

핵연료주기는 흥미롭고 복잡한 많은 단계들로 구성되며, 각 단계는 고유한 에너지 비용을 가지고 있다. 다음에서는 핵연료주기의 부분들을 하나하나 열거하고, 각 단계에 필수적인 에너지 투입량을 살펴볼 것이다. (이런 에너지 분석은 대략적인 산정이지만 지금 시점에서 가장 쓸모 있는 것이다.)

우라늄 채굴과 제련

원자력산업에서 가장 비중이 크지만 도저히 줄일 수 없는 에너지 비용은 우라늄 연료의 채굴과 제련 과정에서 발생한다. 세계 도처의 광산들에서 채굴되는 우라늄은 다양한 등급으로 구분되는데, 1퍼센트의 우라늄 농도를 함유하는 광산보다 0.1퍼센트의 저등급 우라늄 농도를 함유하는 광산에서 우라늄을 추출할 때 더 큰 에너지가 필요하다. 그러므로 원석에서 우라늄을 추출하는 데 필요한 에너지의 일정 비용은 광석의 등급에 크게 의존한다. 우라늄을 채굴하는 데 사용되는 에너지는 이산화탄소를 방출시키는 화석연료(원자력으로 대체하라고 성가시게 권유되는 바로 그 종류의 에너지)이다.

이렇게 자연에서 얻는 우라늄의 농도가 낮기 때문에, 현재 저농도 우라늄 광석을 추출하고 정련하는 데 필요한 에너지는 원자력발전으로 생산되는 전기의 양을 훨씬 넘어서고 있다. 예를 들면 한 기의 원자력발전소에 연료를 공급하기 위해서는 내년 천연 우라늄 162톤이 지각에서 추출되어야 한다. 우라늄이 바위 1톤당 4그램의 저등급 우라늄 농도(0.0004퍼센트)를 가진 화강암 안에 있다면, 화강암 4000만 톤이 채굴되어야 한다. 우라늄을 추출하기 위해 이 바위를 미세한 분말로 만들고 화학적 방법으로 황산과 다른 화학물들로 처리해야 하는데(제련), 50퍼센트(사실은 이보다도 훨씬 낮다)의 추출 용량을 가정하면 화강암 8000만 톤이 필요해진다. 바위의 이런 질량 차원은 100미터 높이에 3킬로미터의 길이를 가진다. 이 화강암으로부터 우라늄을 추출하기 위해서는 우라늄으로 원자로에서 발생시킨 에너지보다 30배 이

상 많은 에너지가 소모될 것이다.[7]

세계적으로 고등급 우라늄 보존량은 지극히 한정되어 있어서 현재 350만 톤에 불과하다. 현재의 우라늄 이용량을 연간 6만7000톤 정도로 볼 때 이 양은 현재 생산 수준에서 단 50년 동안만 원자력에 공급될 수 있다. (그러나 이미 언급했듯이 전 세계 에너지 수요를 원자력으로 충당하면 단지 3년일 뿐이다.) 고등급과 저등급을 포함한 전체 우라늄 보존량 총계는 대략 1440만 톤이지만 대부분 채굴 비용이 많이 들거나 저등급으로 전기를 생산할 수 없는 광석들이다. 그런 이유로 많은 우라늄 광산들이 이미 폐광되었다.[8]

우라늄의 채굴과 제련은 복잡한 과정이다. 바위 자체는 불도저와 동력삽으로 채굴해서 제련공장까지 트럭으로 운송되는데, 이런 기계들 모두 디젤유를 사용한다. 더 나아가 이러한 장비를 제공하는 유지보수업체 또한 전기를 소모하며, 석유를 연료로 사용한다. 우라늄을 함유한 바위는 전기로 동력을 받는 제련기들 안에서 분말로 갈아진 후 화학물들로 처리되는데 이를 위해서는 보통 황산을 이용한다. 그 다음에는 높은 부식성과 유독성이 있는 여러 가지 화학물들이 우라늄을 옐로케이크(yellow cake)라 불리는 화합물로 전환시킨다. 이 과정 역시 증기와 뜨거운 가스들을 만들기 위해 연료가 필요하다. 그리고 제련공장에서 사용되는 모든 화학물들은 다른 화학공장들에서 제조되어야 한다.

쓸모 있는 광석의 두 가지 유형 중 어떤 것이 가공 처리되느냐에 따라 제련과정에 필요한 에너지의 일정 비용은 달라진다. 우라늄이 사암과 이판암(泥板岩), 칼크리트(calcrete)에 함유되어 있으며, 우라늄 농도가 10퍼센트에서 0.01퍼센트에 걸쳐 있는 부드러운 광석은 추출된 광석 1톤당 2.33기가줄(gigajoule)을 필요로 한다(1기가줄=10억 줄).[9] 석영·마노(瑪瑙)·역암과 화강암을 포함하는 단단한 광석은 우라늄 농도가 0.1퍼센트에서 0.001퍼센트나 그 미만에 걸쳐 있으며, 추출되는 광석 1톤당 5.5기가줄을 요구한다. 두 가지 경우 모두 광석등급이 0.01퍼센트 정도이면 핵연료주기는 에너지적으로 비효율적이게 된다. 왜냐하면 저등급 광석을 채굴하고 제련하는 데는 너무 많은 에너지가 소비되기 때문이다.[10]

광재

우라늄 추출 후에 남는 광재(Mill Tailing: 슬래그라고 하며, 금속이나 광석의 불순물을 처리하는 제련, 용접, 다른 금속가공과정 및 연소과정에서 생기는 부산물―옮긴이)를 복원시키기 위해서도 대량의 화석연료가 필요하다. 현재 토양(주로 인디언부족의 땅)에 버려짐으로써 대기와 물로 방사성 원소(radioactive element)를 방출하는 수백만 톤의 방사성 물질은, 원래 우라늄이 유출된 땅에 깊이 매장될 필요가 있다. 이 단일한 복원과정은 면밀하게 진행되어야 하는데, 그 자체만으로도 원자력 전기의 에너지 비용을 비합리적으로 만든다.[11]

이 광미(tailing: 광석 등에서 필요한 광물을 분리하고 남은 가치 없는 부분으로, 목적 성분의 함유율이 낮은 것을 말한다―옮긴이)를 처리하기 위해서는 다음과 같은 방법이 필요하다.

· 석회암을 가지고 중화시킨다.
· 지하수로부터 그들을 격리하기 위해 벤토나이트(bento-
   nite)와 같이 섞어 고정시킨다.
· 광산으로 이동시켜 다시 위치를 돌려놓는다.
· 표토와 흙으로 덮은 후 토착종 식물들을 심는다.

적절한 복원을 위한 에너지 비용은 광미 1톤당 4.2기가줄로 산정된다. 이는 채굴에 소비되는 1톤당 1.06기가줄의 네 배이다. 이처럼 복원과정 역시 다량의 화석연료가 필요하며 더 많은 이산화탄소를 생성시킨다.[12]

6불화우라늄으로의 전환

6불화우라늄의 형태가 되어야 핵분열성 우라늄 235는 비핵분열성 우라늄 238로부터 분리될 수 있기 때문에 우라늄이 농축되기 전에 6불화우라늄으로 전환되어야 한다. 6불화우라늄은 저온에서 기체 상태인 유일한 우라늄 화합물로 작업상 다루기가 쉽다. 이 전환에 소요되는 에너지 요구액은 우라늄 1킬로그램당 1.478기가줄이다.

우라늄 농축

우라늄 235를 0.7퍼센트에서 3퍼센트로 농축하는 것은 매우 많은 에너지를 필요로 한다. 우라늄 농축을 위한 에너지 일정 비용은 농축공장의 건설, 가동, 유지보수를 포함한다. 우라늄은 기체 확산과 원심분리기의 두 가지 기본방식 중 하나를 이용하여 농축할 수 있는데, 두 가지 모두 매우 큰 에너지양을 필요로 한다. (원심분리법에 의한 농축은 에너지 비용이 더 적지만 운영과 유지보수의 금융비용은 기체확산법보다 훨씬 더 높다. 이는 원심분리기의 기계적 수명이 짧기 때문이다.)

미국의 우라늄 농축시설은 오하이오의 퍼두커, 켄터키, 그리고 포츠머스에 위치해 있고, 테네시의 오크리지에 버려진 시설이 하나 있다. 2001년에 민간이 소유하고 운영하는 미국 농축공사(United States Enrichment Corp.)가 퍼두커 시설을 합병하여 가동했다. 퍼두커 농축시설은 가동을 위해 두 개의 더럽고 낡은 1000메가와트 석탄화력발전소의 전기적 발전을 이용하는데, 이는 대기로 상당량의 이산화탄소를 방출한다.[13] 또한 최근 미국 에너지부는 강력한 지구온난화 기체이며 성층권의 오존층을 파괴하는 프레온 114(CFC 114) 기체가 퍼두커, 켄터키, 오하이오의 농축시설 가동에 이용되는 수백만 마일의 냉각 파이프에서 줄어들지 않고 계속 유출된다고 밝혔다.[14]

농축을 위한 에너지 비용은 농축 분리작업 단위당 줄(단위: SWU)로 측정한다. 현재 두 가지 다른 과정(기체확산법이 30퍼센트, 원심분리법이 70퍼센트)에 대해 평균을 내면, 에너지 비용은 1000SWU당 0.000555페타줄이다(1페타줄은 1000조 줄).[15]

핵연료 성형가공

농축된 6불화우라늄 기체는 담배 필터 크기의 이산화(二酸化) 우라늄(Uranium Dioxide) 고체 연료 펠릿(pellet)으로 만들어져서 12피트 길이에 0.5인치 두께를 가진 지르코늄(Zirconium) 핵연료봉(fuel rod) 안에 넣어진다. 전형적인 1000메가와트 원자로는 5만 개의 핵연료봉을 포함하는데 이는 우라늄 약 100톤에 달하는 것이다. 핵연료봉은 핵연료 성형가공 과정에서 다시 사용되며, 에너지 비용은 우라늄 1톤당 0.00379페타줄이다.

원자로 건설

현재 가동되고 있는 미국의 원자력발전소 거의 대부분은 1980년에서 1985년 사이에 건설되었으며, 1978년 이후에는 새로운 원자력발전소의 건설이 신청되지 않았다. 원자력발전소는 상품과 서비스의 광대한 집적물이다. 무엇보다도 핵기술이 고도의 첨단기술 과정이므로 광범위한 산업적·경제적 기반시설이 필요하다. 여기에 막대한 양의 콘크리트와 강철이 원자로를 건설하는 데 사용된다. 더 나아가 스리마일 아일랜드와 체르노빌의 원자로용해로 인해 안전에 대한 관심이 증대되었기 때문에 원자력발전소의 건설은 더욱 복잡해졌다.

원자로 건설에 대한 에너지 비용은 40에서 120페타줄에 걸쳐 다양하게 산출되는데, 80페타줄의 평균치가 반 뤼벤과 스미스의 연구에서 사용되었다.

원자로 폐로와 해체

운전수명을 다한 원자로가 최종적으로 폐쇄될 때 중성자 충격으로 원자로 용기 내에 형성된 강력한 방사성 물질들, 즉 코발트 60과 철 55는 원자로에 들어가기 전에 상당 부분 붕괴되어야 한다. (위험한 방사성 원소를 포함하는 부가적인 잔여물 역시 매우 위험한데 삼중수소, 탄소 14, 칼슘 41이 이에 해당한다.[16]) 그리하여 이런 방사능으로 심하게 오염된 거대한 건물은 해체가 시작될 실제 과정 이전 10년에서 100년 동안 위험이나 외부침입에 대해 경비를 강화해 보호해야만 한다.

페로(decommissioning)와 해체(dismantling)에는 다음과 같은 단계들이 포함된다.

· 최종 정지 후 보호기간 동안 원자로의 운영과 보수유지
· 해체 전 원자로의 방사성 물질 청소
· 방사능으로 오염된 구성요소들의 파괴
· 해체
· 해체된 폐기물의 포장과 영구적 폐기

충분한 시간 동안 방사성 붕괴가 된 후에 원자로는 원격조정 등에 의해 작은 조각들로 분해되어야 한다. 그리고 방사능이 남아 있는 조각들은 용기에 포장해 멀리 떨어진 장소에서 최종 처리를 해야 한다. 운전수명을 다해 실제로 완전히 해체된 원자력 발전소가 아직까지 없기 때문에 폐로와 해체에 대한 에너지 비용의 유용한 근거자료는 거의 없는 상황이다. 그럼에도 그나마 희

박한 자료를 근거로 이에 대한 에너지 부채를 산출해보면 80~
160페타줄의 범위에 있는 것으로 나타난다.[17] 이 가운데서도 최
상단 수치의 확률이 가장 높다. 전통적인 석탄이나 가스 화력발
전소는 방사능이 없으므로 공중위생이나 안전에 위험이 없다.
따라서 일반 건물처럼 통상적인 방식으로 해체될 수 있으며 폐기
물들 또한 재사용될 수 있다. 이것을 비교해 보면 가스화력발전
소의 건설과 해체에는 모두 24페타줄이 필요한 반면, 원자력발
전소의 건설과 해체에는 약 240페타줄 정도가 필요해진다.

정화

수명을 다한 원자로에는 엄청난 양의 방사성 물질이 축적되
어 있다. 따라서 원자로를 해체하기 전에 크러드(CRUD: Chalk
River Unidentified Deposits, 초크 리버의 원자로에서 처음 발견된
물질이므로 그런 이름이 붙었다. 크러드는 경수로 1차(원자로) 냉각수
중에서 배관계통 금속재료의 부식에 의해 생기는 부식생성물 중 물에
녹지 않고 분산되어 있는 금속산화물의 총칭—옮긴이)라고 불리는 이
물질을 정화해야 한다. 크러드는 방사능 원소의 집합체로, 즉 냉
각시스템과 고방사성 핵분열, 그리고 유출과 손상된 핵연료봉에
서 빠져나온 '악티니드(actinide)' 계열 원소들에서 유래된다. 폐
로에서 분리되는 이 과정에는 에너지 측면에서 매우 많은 비용이
들며, 건설 에너지의 50퍼센트에 해당하는 최저 20에서 최대 60
페타줄 정도의 양이 필요할 것이다.[18]

냉각수: 삼중수소와 탄소 14

원자로 노심을 냉각하는 물은 방사성 수소인 삼중수소와 탄소 14로 심하게 오염된다. 이것은 원자력산업계는 물론이고, 그 밖의 어느 누구도 지속적인 관심을 가지거나 논의 대상으로 삼지 않는 장기간의 의학적·생태학적 결과를 초래한다. 삼중수소가 방사성 원소로서 수명을 다하는 기간은 200년 이상이다. 그리고 탄소 14의 경우는 11만 4600년이다. 환경을 파괴하지 않고 에너지시스템이 지속되기 위해서는 삼중수소와 탄소 14의 폐쇄형 순환을 필요로 한다. 이 경우, 삼중수소와 탄소 14는 생태계로 흘러나가지 않는다. 이론적으로 본다면 폐쇄형 순환을 위해서 냉각수는 건조제나 시멘트로 고정시키고 수명이 긴 적절한 용기 안에 저장되어야 한다. 하지만 실제로는 관례에 따라 식수를 얻는 강이나 호수, 바다로 방류되고 있다.[19] 폐쇄형 순환을 위해 적절한 처리기술을 실행하려면 막대한 수의 물 용기와 큰 에너지 비용이 필요하기 때문이다.

삼중수소와 탄소 14를 격리하는 데 소요되는 막대한 비용 때문에 원자력산업계는 동위원소 방출의 차단 비용을 제대로 산정하지 않고 있다. 결론적으로 원자력의 실제 에너지적인 그리고 경제적인 비용은 현재 심하게 저평가되어 있다.[20]

방사성 폐기물의 처리

방사성 폐기물은 방사성 원소의 농도와 유형에 따라 모호하게 정의된 저준위, 중준위, 고준위로 분류된다. 이 범주에 의존하여 폐기물들을 운송하는데, 다섯 가지 유형의 특정한 용기에 V1에서 V5로 라벨을 붙여 분류한다. V2에서 V4까지의 용기에 있는 방사성 폐기물의 생성, 충전, 취급, 운송은 톤당 발전용 원자로 건설 에너지와 거의 같은 양을 사용하는 것으로 나타난다. 이미 언급했듯이 그 총량은 매우 큰 에너지양인 약 20페타줄에 달한다.[21]

원자력 전기의 에너지 비용은 원자로 폐기물을 취급하는 것 외에 방사선을 쬔 연료원소들의 일시 저장과 관련된 것들을 포함한다. 원자력발전소에서 발생된 방사선의 크기는 믿기 어려울 정도인데, 핵분열과정을 겪는 원래의 우라늄 연료는 원자로 노심에서 방사능이 10억 배 더 강해진다.[22] 1000메가와트의 원자력발전소는 히로시마에 투하된 원폭이 1000개 폭발해 생성되는 것과 같은 장수명의 방사선을 함유한다. 매년 핵연료봉의 3분의 1은 핵분열 생성물로 너무 오염이 되어 전기생산의 효율성에 장애가 되기 때문에 원자로에서 교체되어야 한다.

이 연료봉들은 너무 많은 방사선을 방출하므로 한 사람이 사용중인 한 개의 연료봉 근처에 몇 초 동안만 가까이 노출되어도 죽음에 이를 수 있을 만큼 치명적이다. 또한 핵연료봉은 엄청나게 온도가 높기 때문에 30년에서 60년간 철저히 차단된 건물에 저장하고 끊임없이 공기나 물로 냉각해야 한다. 만약 제대로 냉각되지 않으면 핵연료봉의 지르코늄 피복이 자연발생적으로 연소하여, 결국 일련의 방사성 원소들이 누출될 수 있다. 이렇게 적절한 냉각기를 거친 핵연료봉은 원격조정으로 용기에 포장되어야 한다.

고도로 특수화된 용기들의 제작은 원자로 자체의 건설만큼이나 많은 1톤당 80기가줄의 에너지를 사용한다. 더욱이 사용후 핵연료(원자로에서 일정기간 사용한 후 인출한 연료로 방사능이 높고 핵분열 생성물로부터 붕괴열도 크기 때문에 저장수조에서 방사능의 감쇠와 붕괴열의 냉각을 위해 수년간 저장한다—옮긴이) 포장은 완전히 새로운 것으로 테스트가 완료되지 않았기 때문에 기계조작에 대한 자료조차 없는 기술이다.[23]

고준위 및 중준위 방사성 폐기물의 운송과 보관

아직까지 핵연료주기의 전체적인 비용이 계산된 적은 없었다. 그러나 많은 마을과 도시를 통과해 긴 시간 동안 폐기물들을 장거리 운송하고, 적절한 지질학적 조건을 고려하여 폐기물 보관시설을 준비하며, 그 장소를 24만 년간 관리하고 경비를 수행하는 데는 명백히 막대한 양의 화석연료가 사용될 것이다.[24]

하지만 이 지구적 에너지산업의 에너지 비용 산정은 일관되게 그릇되어 있다. 예를 들면 2005년 세계 에너지 공급 산정에서 BP-아모코사는 계산을 극단적으로 단순화하여 원자력발전소의 전체 전기생산만을 산정했으며, 핵연료주기의 에너지 소모 총계를 포함하여 산정할 수 없었다.[25]

사실 방사성 폐기물의 저장과 운송에 대한 에너지 비용은 제외하더라도, 광석을 채굴하고 원자로 건설을 하며 원자로를 해체하는 핵연료주기의 에너지 비용만으로 전체 에너지 부채는 대략 240페타줄(2400조 줄)에 달한다. 이에 비해 가스화력발전소

의 건설과 이행과정은 같은 양의 전기를 생산하는 데 10분의 1인 24페타줄만을 필요로 한다.[26]

가장 농도가 풍부한 우라늄 원석을 이용할 경우에도 원자력발전소는 에너지 부채를 상쇄하기 위해 10년간 전부하로 운영해야 한다. 그러나 이미 언급했듯이 우라늄 235의 효율적인 농도를 포함하는 우라늄 원석은 매우 한정된 양이 있을 뿐이다. 이 농도가 0.01퍼센트 이하로 떨어지면 원자력발전소의 에너지 생산은 더 이상 대지에서의 우라늄 추출비용을 감당할 수 없게 된다. 결국 핵연료주기는 전혀 이익이 남지 않는 에너지를 생산할 것이다. 즉 우라늄 농도의 수준에 따라 원자력은, 건설하고 연료를 공급하고 원자로를 작동시키고 환경적 손상을 회복하는 데 필요한 에너지보다 더 적은 에너지만을 생산한다는 것이다.[27]

전체 핵연료주기의 에너지 비용문제는 차치하고, 원자력발전소에서 배출되는 것이 '깨끗하고 친환경적'이라는 원자력산업계 주장의 타당성을 살펴보자. 원자력산업계가 온실가스 방출 감소에 실제적인 기여를 하기 위해서는 다음의 조건들이 성립되어야 할 것이다. (이 분석은 전 세계의 전기 수요가 2퍼센트 또는 그 이상 성장한다는 것을 전제로 한다.)

· 현재 가동되는 원자력발전소 441개는 새 것으로 교체되어야 한다.
· 전기 수요의 절반이 원자력에 의해 공급되어야 한다.
· 세계의 모든 석탄화력발전소 중 절반이 원자력발전소로 교체되어야 한다.[28]

이것을 충족시키기 위해서는 1000메가와트 원자로 2000~3000개가 건설되어야 하며, 이는 앞으로 50년간 일주일에 한 개씩 건설해야 함을 의미한다. 하나의 원자로를 건설하는 데 8년에서 10년이 걸린다는 것과 우라늄 연료의 공급이 한정되어 있다는 점을 고려하면, 이런 대담한 계획은 도저히 실행이 불가능한 것이다.[29] 결국 온실가스 방출 감소를 위해서는 비현실적인 규모의 원자로 건설이 이루어져야 하므로, 원자력의 친환경적 기여는 불가능할 수밖에 없다.

반 뤼벤과 스미스는 "현재 알려진 바에 의하면 우라늄의 전체 보존량은 너무 작기 때문에 원자력업계는 많은 에너지를 약속하는 그 근거를 스스로에게 자문해야 한다"고 쓰고 있다. 그들은 이 모순된 상황에 대해 다음과 같은 이유를 제시한다.

· 원자력산업계는 고속증식로(Fast-neutron breeder reactor)가 개발될 것이며, 그것은 자력으로 지탱되는 '순환 핵연료주기' 안에서 연료를 사용할 뿐만 아니라 연료를 창출할 것이라고 주장했다. 이 원자로들은 아직도 현실화되지 않았다.
· 원자력산업계는 원자력과 연관된 거대 에너지 비용의 계산을 수행하지 않았으며 그런 개념을 가지고 있지 않다.
· 방사성 폐기물이 얼마나 위험한지와 장기간 처리가 얼마나 다루기 어려운 문제인지에 대해 아직까지도 정확한 이해가 정립되어 있지 않다.
· 0.01퍼센트 이하의 우라늄 광석은 절대로 유효한 에너지

를 발생할 수 없다는 점이 반영되지 않았다.

· 원자력에 의한 모든 환경적 손상은 미래 세대가 바로잡아 가는 것으로 가정된다.[30]

이런 명백한 근거에도 불구하고 원자력산업계는 여전히 엄청난 양의 홍보광고를 내고 있다.

원자력산업계는 원자력의 부흥기, 즉 '원자력의 르네상스'를 추구하지만 막상 우라늄의 유효성에 대해서도 여러 가지 이견들이 존재한다. 더구나 세계원자력협회(World Nuclear Association)를 포함한 협회나 연구그룹들이 지금까지 우라늄 광석의 등급과 에너지 관계를 분석한 적이 없다는 점도 반 뤼벤과 스미스의 분석을 더욱 두드러지게 한다.

현재 고농도의 군사용 우라늄은 미국 내 '원자로를 위한 저농도 우라늄'과 섞이고 있지만, 이는 매년 천연 우라늄 수요의 단지 6년분에 달할 뿐이다. 농도가 풍부하고 매장량이 많은 새로운 우라늄 광석의 가능성은 없으며, 현재 알려진 보존량으로는 단지 8년간 2500개의 원자로들에 공급할 수 있을 뿐이다.

플루토늄을 재처리함으로써 부족한 우라늄 공급을 뒷바라지할 수 있다고 주장하는 이들도 있지만 재처리는 지극히 위험하고 비용이 많이 드는 작업이며, 무엇보다도 핵무기 확산(weapons proliferation)을 조장할 수 있다.[31]

2.
납세자의 세금을 탕진하는 핵에너지

핵에너지의 실제 경제적 비용

원자력산업계는 석탄의 비용이 2센트이고 가스화력발전소는 5.7센트인 반면, 원자력은 1킬로와트시당 단지 1.7센트의 비용이 든다고 말하고 있나. 그러나 이런 수지는 기존 원자로에서 발생된 전기에만 적용되는 것으로, 그들은 가격 방정식에서 자본코스트(capital cost: 자본을 이용하는 경우에 그 대가로서 지급되는 보수 및 경비-옮긴이)를 은근슬쩍 누락시켰다. 오래된 원자로는 건설비용, 법규 연기에 따른 간접손실 등을 고려하지 않아도 되므로 상대적으로 저렴하게 보이는 것이다.

신경제재단(New Economics Foundation)의 〈신기루와 오아시스: 지구온난화시대의 에너지 선택들Mirage and Oasis: Energy Choices in an Age of Global Warming〉이라는 보고서는 원자력의 비용에서 세 가지 요소가 저평가되었다고 결론 내렸다.[1] 실제로 원자력산업계는 핵연료주기의 전체비용을 설명하는 데 실패하고, 불충분한 자료를 근거로 산출한 원자력 전기의 잘못된 재무비용을 열심히 홍보하고 있다. 실제 비용이 반영된다면 원자력 비용은 엄청나게 상승할 것이다.

《뉴사이언티스트New Scientist》의 기사는, 일단 실제 건설과 운영비용이 고려되면, 원자력 전기의 가격은 영국에서 산정된 킬로와트시당 3펜스(미국 화폐로 약 5센트)에서 8.3펜스(미국 화폐로 약 14센트)로 올라갈 것이라고 결론내리면서 원자력산업계의 산정과 상충된 결과를 제시한다. 이는 오래된 원자로를 운영 유지하는 데 적은 비용이 드는 반면, 새로운 원자로의 건설 가격이 터무니없이 높기 때문이다. 하지만 이 산정에도 오염, 사고, 원자력발전소의 보험가입, 그리고 테러에 대한 경비비용은 포함되지 않았다.[2]

또한 원자력발전소 건설 시점의 낮은 이자율이 투자자와 대출 금융기관의 불만과 요구사항을 증가시킬 것이며, 그로 말미암아 야기되는 이자율의 상승은 새로운 건설을 무기한 보류시킬 수 있다.[3]

원자력 경제의 타당성에 대한 논증으로서 천연가스의 상승된 가격을 이용하는 것 역시 적절하지 않다. 원자로 제조회사인 웨스팅하우스의 에드 커민스(Ed Cummins)는 천연가스가 현재 6달러에서 MBtu(100만 영국열량단위, 1MBtu=1055.06줄-옮긴이)당 3.5달러의 통상적인 가격으로 내려간다면, 원자력발전소는 원자력산업계의 주장을 그대로 반영하더라도 경쟁력을 잃게 될 것이라고 지적한다.[4] (천연가스는 허리케인 카트리나가 만(灣)의 공급시설을 강타함으로써 훼손된 시설로 인해 수출 물량 공급에 곤란을 겪고 있으며 전 세계적 수요는 증가하고 있기 때문에 가격이 지나치게 상승한 상황이다.)

천연가스 비교를 별도로 하더라도 모든 연구들이 원자력산업계의 산정에 동의하는 것은 아니다. 2003년 매사추세츠공과대학이 보고한 〈원자력의 미래The Future of Nuclear Power〉라는 연구서에 따르면, 한 개의 새로운 원자력발전소에 의해 발생되는 전기의 평준화 가격은 보통의 가스가격을 가정할 때 석탄화력발전이나 가스화력발전의 전기보다 약 60퍼센트 정도 더 높다. (평준화 가격은 발전소에 의해 생산된 전기에너지의 전체비용을 건설과 유지보수 비용으로 나눈 값과 동등하다.) 대안적인 전기생산을 위한 기존의 시설망이 아직 없거나 저개발되어 있다고 가정하더라도, 에너지의 효율적인 기술들과 재생에너지원은 이제 원자력의 만만찮은 재정적 경쟁자로 부상하고 있다.[5]

국유화된 원자력전기

기존의 원자력 생산국가들이 원자력으로 별로 문제를 겪은 것 같지 않아 보이는 이유는, 그들이 파생되는 경제적 부작용과 문제점을 해결하고 뒷감당해야 한다고 느끼지 않기 때문이다. 선진국들이 '자유시장'이라는 원칙에 수사학적으로 집착함에도 불구하고, 그들은 막대한 정부보조금 없이는 지탱할 수 없는 에너지의 한 형태에 대해 불가사의할 정도로 열정적인 태도를 보이고 있다. 자본주의 사회에서 원자력 전기의 국유화를 일반대중이나 그들이 선출한 국회의원들이 문제 삼거나 비판적으로 면밀하게 검토한 적은 결코 없다. 그리고 수십 명의 CEO들은 정부의 원자력정책으로부터 기업복지에 가까운 특혜를 누리고 있다.

원자력산업이 지나친 정부보조금을 받는 이유는 그 역사와도 관련이 깊다. 사실 원자력산업은 핵무기 산업의 파생물로서 냉전시기 동안 핵무기 발전에 행해진 집중적인 정부 보조 연구 및 발전의 수혜자이다. 스리마일 아일랜드와 체르노빌 원자로용해 사고로 인해 거의 치명적인 경제적 강풍을 맞았음에도 불구하고, 현재 원자력산업은 타다 남은 재로부터 탄생한 불사조처럼 다시 부상하고 있다. 그러나 지구온난화에 대한 해결책으로 핵에너지를 제시하며 시작된 핵에너지의 르네상스는 값비싼 재생에너지원에 대한 신뢰할 수 있는 경제적 대안으로 핵에너지의 위상을 자리매김하는 일련의 거짓말들에 기반을 두고 있다.

그런 거짓말들 가운데 가장 문제가 되는 것은, 핵에너지 생산에 필요한 실제 비용과 그 비용을 누가 부담하는가에 대해 유포된 정보다. 공개적인 허위정보들은 최고위층 수준에서 전파된다. 2005년 6월 22일, 부시 대통령은 칼버트 클리프스(Calvert Cliffs) 원자력발전소에서 근로자들에게 다음과 같이 말했다. "우리가 우리 경제를 위해 해야 할 마지막 행위 중 하나는 여러분의 주머니에서 돈을 꺼내 정부에 연료를 공급하는 것이다."[6] 우리가 곧 보겠지만, 원자력산업의 부활은 납세자의 호주머니에서 돈을 꺼내는 것에 전적으로 의존한다.

우리가 원자력의 진정한 경제적 현실을 직시하기 전에 미국 또는 세계 어느 곳에서라도 재앙적인 원자로용해가 일어난다면, 이 기술에 대한 수백만 달러의 투자가 물거품이 될 것이라는 점이 명백히 공개되어야 한다. 그런 사고는 영원히 원자력을 종결시키는 신호가 될 것이다. 숙련된 원자력 공학자이자 우려하는 과학자동맹(Union of Concerned Scientists)을 위해 일하는 데이비드 로취바움(David Lochbaum)은 미국 원자로의 미비한 안전기준에 대해 깊은 관심을 갖고 있다. 가까운 미래에 핵의 재앙이 있을 것이라고 확신하며 그가 내게 말했다. "그 재앙이 일어날 것인가의 문제가 아니라 언제 일어날 것인가가 문제입니다." 그러므로 산업계와 정부가 현재 무엇을 말한다 할지라도, 원자력에 투자하는 것은 실로 위험한 도전으로 보인다.

원자력은 모든 수준에서 정부보조금에 의존해 왔고, 아직도 그러한 상황이다. 미국정부는 1948년부터 1998년까지 에너지 연구와 개발에 1115억 달러라는 막대한 자금을 쏟아부었는데, 이 가운데 60퍼센트인 700억 달러가 원자력산업에 할당되었다.[7] 같은 기간 동안에 260억 달러가 석유와 석탄, 천연가스에 할당되었고, 120억 달러가 풍력과 수력, 지열에너지, 태양에너지 같은 재생에너지에 배당되었다. 이에 비해 에너지 효율 기술에는 단지 80억 달러가 배당되었을 뿐이다.[8] 다른 국가들의 경우에는 경제협력개발기구(OECD)의 국가들이 1992년까지 원자력 연구개발(R&D)에 특별히 3180억 달러를 소비했다.[9]

이런 수준의 정부지원이 있었기 때문에 원자력산업이 1972년까지 미래에 대해 무턱대고 긍정적이었던 것은 당연한 일이었다. 1972년 원자력위원회(Atomic Energy Commission)는 미국이 2000년까지 사용후핵연료 재처리를 위한 재처리공장과 증식로뿐만 아니라 1000개의 원자력발전소를 가질 것이라고 예측했다. 그리고 이들이 에너지를 소비한 양만큼 생산하는 자체 충족성과 고효율을 보일 것이라고 덧붙였다. 원자력위원회 회장 딕시 리

레이(Dixie Lee Ray)는 사용후핵연료의 처리는 "역사상 가장 위대한 무결점"이며 1985년까지 달성될 것이라고 오만하게 주장했다.[10] 그러나 2000년까지 103기의 원자로만이 건설되었고, 증식로와 사용후핵연료 재처리시설, 고준위 폐기물 처리장소 등은 해결되지 않았다.

민간금융의 입장에서 보면 단지 원자로를 건설하는 데 드는 막대한 비용(기존의 석탄화력발전소 자본코스트의 두 배)은 투자자들의 결정을 더욱 신중하게 한다. 하지만 정부는 다양한 동기를 제공하여 민간투자가 원자력산업에 대해 참여하도록 독려해 왔다. 그럼에도 신용평가기관인 스탠더드 앤드 푸어스(Standard and Poor's)는 최근 다음과 같은 결론을 내렸다. "비용 상승과 기술적 문제, 방해가 되는 정치적이며 규제적인 감독, 경쟁과 테러리즘에 의한 새로운 위험들로 인해 신용 위험이 너무 높아져서 대출 보증을 제공하는 연방법안일지라도 이를 극복할 수 없다."[11]

모건 스탠리(Morgan Stanley)의 세계 동력 및 공익시설그룹(the global power and utilities group)의 사무총장인 캐런 버드(Caren Byrd)는 여러 해 만에 처음으로, 월스트리트는 새로운 원자로가 국가 에너지의 미래가 될 수 있다고 말하면서 조심스럽게 낙관했다. 그러면서도 그는 이 예측이 정부지원에 크게 의존한다고 지적한다. 그는 뉴욕에 있는 쇼햄 발전소가 1985년 건설된 후 거센 대중적 반대 때문에 폐쇄되었으며, 몇몇 발전소는 장기간 연기되어 애를 태웠고, 수십 기의 발전소가 1980년대에 취소되었음을 언급했다. "그 당시 수백억 달러가 수포로 돌아갔다." 그는 이어서 "우리는 계속 그 위험을 감수할 수 없으며, 투자회

사들은 그 사태를 오래 기억한다”고 말했다.[12]

건설비용 초과와 연기 혹은 취소, 때 이른 발전소의 폐쇄, 기준 미달의 가동 성능, 유해 방사성 폐기물에 대한 영구저장소 결정의 어려움 등으로 사실 과거 미국의 핵 프로그램은 줄곧 손상을 입어왔다. 가장 큰 초과비용 사례들 가운데 하나인 뉴햄프셔의 시브룩 원자로는 1976년 8억5000만 달러의 비용으로 6년 안에 완성되도록 계획되었다. 하지만 실제로는 70억 달러를 쏟아부었고 1990년 완성될 때까지 14년이 걸림으로써 시민들의 격렬한 항의에 부딪혔다.[13] 한 언론인이 예리하게 지적했듯이 유일하게 온실가스가 방출되지 않으므로 원자력산업이 성공한 것이라고 주장하는 원자력산업계의 자세는 매우 편향적이고 병적인 환자 같은 모습을 보인다.[14]

영국의 투자컨설턴트 회사인 옥세라(Oxera)에 따르면, 탄소를 이용한 화력발전에 부과되는 세금을 원자력에 전용한다 해도 새 원자력발전소는 정부보조금 없이는 경제적일 수 없다. 영국 왕립국제문제연구소(Royal Institute of International Affairs) 또한 이런 산정을 지지한다.[15] 원자력을 찬미하는 현란한 수사학에도 불구하고 정부나 관련 기관에서는 아직 새로운 원자로 건설을 공언하거나 추진하지 않고 있는 상황이다. 산업전문가에 따르면 원자력 사업의 재무적 위험성 때문에 섣부른 발표는 투자자들을 매우 당황하게 할 수 있으며, 공익사업의 주가를 떨어뜨리는 부작용을 낳을 수 있다고 한다.[16]

규제완화

원자력의 경제학이 이렇듯 낙관적이지 않음에도 원자력산업계는 왜 이토록 갑작스럽게 새로운 원자로 건설을 위해 밀어붙이는 것인가? 거의 주목되지 않은, 신규 원자력발전소 건설을 활성화시키는 극히 중요한 요소는 2005년 7월 미국 상원에 의해 통과된 에너지 법안의 숨겨진 한 부분이다. 그것은 공익기업지주회사법(PUHCA: Public Utilities Holding Company Act)을 철폐하는 것이다. 이제 원자력발전소 소유에서 배제되었던 거대한 민영발전소 독점회사들이 공식적으로 작은 원자력 회사를 인수할 수 있게 되었다. 이는 민영기업들이 공익사업을 매수함에 따라 공익사업이 사라질 것이며, 결국 민영기업들이 너무 강력해서 단속될 수 없는 독점회사를 가지게 될 것임을 의미한다. 조세 납부자와 일반대중은 이런 새로운 시스템에서 몹시 불리한 입장이 될 것이다. 뉴딜 정책(New Deal) 하에서 루스벨트 대통령이 유사한 에너지 독점에 엄격한 연방법을 적용하기 전에 사람들이 그러하였듯이 밀이다.

1935년 법안이 서명된 후 뉴딜 재정 개혁의 초석인 PUHCA는, 잘 운영되었던 지난 70년간 공익사업과 그 가동을 법에 의해 효율적으로 통제해 왔다. 동시에 PUHCA는 공익사업의 소유권을 공공 주체나 특별히 동력을 생산하는 민영주체로 제한한 반면, 엄격한 주립규제 및 연방규제를 부과했다. 1920년대 공익사업은 복잡한 모(母)회사들을 설립한 에너지계의 거물들에게 돈벌이가 되는 달러박스였기 때문에 투기꾼을 저지하는 이 방법은 불가피했다. 이 모회사들은 거물들의 투기적 자본을 먹여 살리기 위하여 '항상 믿음직하게 옆에 있어온 조세 납부자들'로부터 수입을 짜내도록 고안되었다. 하지만 1929년 주식시장의 대폭락이 모회사들을 붕괴시키자 이 상황은 조세 납부자 또한 황폐화시켰다. 뿐만 아니라 공익사업의 신뢰성에 확신을 갖고 투자했던 수백만의 소액 투자자들 역시 파산했다. 이와 같은 구조를 막기 위해 고안된 PUHCA는 루스벨트(Franklin Roosevelt)의 임기 중 가장 큰 전투였다.[17]

미국 연방에너지규제위원회에서 10년간 근무한 린 하지스(Lynn Hargis)는 PUHCA의 철폐를 극도로 염려한다. "한 주의 경우도 그렇지만 특히 연방의 공익사업위원회가 제한된 직원을 가지고 거대 복합기업의 자료들을 조사하는 것은 불가능하며, 더구나 그것을 이해하고 통제하는 일은 더더욱 어렵다." 그는 일단 PUHCA가 철폐된 이후에 "공익사업들을 사고파는 현상이 두드러질 것이다. 그것은 세 개의 회사가 모든 공익사업의 절반을 소유했던 1920년대 상황의 부활이 될 것이다"고 지적한다.[18]

이러한 시기에 이익을 볼 첫빈째 사람은 누구이겠는가? 체니 부통령이 이전에 운영했던 석유회사인 핼리버튼은 이런 규제완화를 이용해 이전에는 배제되었던 시장에서 큰 이익을 볼 수 있는 매우 유리한 입장이다. 하지스에 따르면 "상위 다섯 개 석유회사가 지금 미국 석유 생산의 50퍼센트를 지배한다. 만약 그들이 공익사업까지 지배한다면 그들은 너무 강력해져서 정부조차 그들을 규제할 수 없을 것이다." 더 나아가 그는 재생에너지와의 충돌이 파괴적일 수 있다고 부연한다. "GE(General Electric)가 당신들의 공공사업을 소유한다면 누구도 당신들의 목구멍 아래로 원자력발전소를 밀어넣는 것을 멈추게 할 수 없을 것이다. 이러한 상황은 재생에너지를 죽일 것이다. 이는 나라 전체를 위해 끔찍한 일이 될 뿐만 아니라 어느 누구도 그것에 대해 항의조차 할 수 없을 것이다.”[19]

현재 상위 10개의 원자력회사가 원자력 부문의 61퍼센트를 소유하고 있는데, 그 가운데 엑셀론(Exelon)은 가장 큰 점유율인 15퍼센트를 소유하고 있다.[20] 2007년까지 유럽 에너지 시장은 충분히 규제가 완화될 것이다. 그리고 미국 에너지 시장은 정부와 전기생산자 사이의 재정적 관계에 심각한 변화를 유도할 규제 완화의 과정에 있다.[21]

PUHCA의 철폐로 이미 두 개의 거대 컨소시엄이 구성되었다. 그리고 미국정부는 그들에게 나쁜 일을 방조하는 의도를 가진 것으로 보인다. 미국정부는 그들이 전례 없는 보조금에 접근하도록 허용하고, 원자력산업이 소비자 시민들의 이해관계와 복지보다 우선시되도록 인가과정을 변화시킨다.

그중 하나인 뉴스타트 컨소시엄(Nustart consortium)은 엑셀론과 엔터지, 컨스텔레이션 에너지 그룹, 듀크 에너지, EDF 인터내셔널 노스아메리카(파리에 근거를 둔 프랑스 전력공사의 북미지부), 플로리다 전력회사, 프로그레스 에너지, 서던, 테네시강 유역 개발공사, GE, 웨스팅하우스 일렉트릭으로 구성되어 있다.[22] 뉴스타트는 이 회사들에게 이익과 책임이 분산되도록 했는데, 이 컨소시엄은 2011년까지 두 개의 새로운 원자력발전소를 지을 장소를 제공받고, 인허가를 입안하여 2014년까지 완성되기를 희망한다. 원자력 컨소시엄을 위한 인허가 비용(5억2000만 달러)은 미국 에너지부에 의해 지원될 것이다.[23]

또 다른 거대 컨소시엄인 도미니온 리소스(Dominion Resources)는 페어필드와 코네티컷에 기반을 둔 GE, 샌프란시스코의 벡텔 그룹에 있는 디자인 컨설턴트들, 미국 에너지부를 포함한 에너지 회사들의 융합체로 구성되어 있다. 이 그룹은 새 원자로가 노스캐롤라이나의 샤롯스빌에 있는 레이크 안나 원자력발전소에 이어서 건설되도록 장소를 확보하고, 인허가가 예정대로 진척되도록 신속하게 움직이고 있다. 건설이 시작조차 되기 전에 할당된 4억4000만 달러의 인가 비용 가운데 절반은 미국 에너지부가 감당할 것이다. 자유시장 원칙과 부합되지 않는 이 엄청난 보조금에도 불구하고, 도미니온의 선임 부사장은 새 원자력발전소를 건설하는 데 가장 큰 장애는 경제적 위험이며, 발전소 가동을 막을 수도 있는 법 또는 규정의 장애가 막판에 발생할 가능성이라고 진술한다.[24]

정부는 보조금 자체뿐 아니라 무수한 부가적 방식으로도 이 컨소시엄을 지원하고 있다. 예를 들면 이 컨소시엄에 대해 정부가 재정의 일부를 부담해야 한다는 법적인 의무가 존재하지 않는데도, 미국 에너지부는 관대하게 이 원자력 회사들에 대한 비용 부담을 승인하고 있다. 더 나아가 획득된 이런 허가들은 20년간 유효하다. 그것들은 만료 후 다시 20년간 갱신될 수 있으며 팔릴 수도 있다.[25]

부시 행정부는 원자로 건설이 원자력산업계에 유리하도록 인가과정을 은밀하게 수정하기도 했다. 이는 아래와 같이 대중의 개입이나 참여를 배제함으로써 이루어졌다.

· 원자력 회사들은 이제 '빠른 장소 허가' 를 신청할 수 있다. 이는 대중의 승인이나 의견을 반영하지 않고 위에서 기술

한 것처럼 20년간 유효한 허가를 제공받을 수 있고, 만료 후 20년간 다시 갱신할 수 있다. 이전에는 대중이 원자로 허가의 각 단계에서 의견을 제공했다.

· 회사들은 이제 일찌감치 얻은 인가를 바탕으로 승인된 원자력발전소 계획을 추진할 수 있다. 이때 보다 면밀한 재검토나 감독을 받지 않는다.

· 회사들은 건설 시기에 논의되는 건설 허가와 운영 면허를 연계해 함께 획득할 수 있다. 그리하여 대중이 발전소 운영에 대해 의견을 청취하는 것을 사전에 차단할 수 있다.

이런 법안의 드라코니안(Draconian: 아테네에서 경범죄와 중죄를 다함께 사형에 처하도록 규정한 드라콘 법전에서 유래한 말로, 억압적인 법적 조치를 의미—옮긴이)은 새 원자력발전소에 대항하는 임의의 대중적 반대와 개입을 효율적으로 배제한다. 대중의 의견을 수렴하기 위한 모든 공개토론이 제거되어 있는 상황에서 지역공동체가 원자력발전소의 계획과 건설, 그리고 20년간 유효하도록 공포된 운영 등 총체적 승인 과정을 이미 확보한 거대 복합기업과 어떻게 효율적으로 싸울 수 있단 말인가?

레이건시절 이후 원자력산업은 미국 원자력규제위원회(NRC: Nuclear Regulatory Commission) 임명에 대해 거의 거부권이나 다를 바 없는 권리를 유지해 왔다. 결과적으로 위원회의 의제는 그 어느 때보다 가깝게 원자력산업계의 의제를 수렴한다. 표면상으로는 독립적 기구인 원자력규제위원회가 지금은 결국 원자력산업계를 대변하고 있는 것이다. 이러한 상황이 인허가 법에 대한 위의 변화들을 설명해준다.[26] 그리하여 대중은 원자력산업의 의사결정 과정에서 효율적으로 제거되어 버렸다.

원자력규제위원회 피터 브래포드(Peter Bradford) 전 의원은 납득하기 어려운 인허가 과정에서의 이러한 변화들 이외에, 정부가 원자력산업계에 제공한 특혜이자 결국 납세자 부담을 야기한 편향적 태도에 대해 보다 심층적인 목록들을 간략하게 지적한다.

- 원자력규제위원회는 장소 인가와 원자로 허가를 얻는 데 있어서 모든 비용의 절반을 부담할 것이다.
- 제안된 건설의 금융보증
- 새 원자로 건설비용의 20퍼센트 세금공제
- 모든 원자력 전기에 대해 킬로와트시당 1.8센트의 세액공제. 그렇지만 본 장에서 지적했듯이 원자력산업계의 자료는 비현실적이기 때문에 킬로와트시당 비용은 과소평가되어 있으며 청구서는 이 산업계에 터무니없이 관대하다.
- 원자로 건설을 지원하기 위해 미리 책정된 180만 달러

관련 과정을 원활하게 돕기 위하여 원자력규제위원회 인가과정은 새 발전소가 곤란에 직면할 전기수요를 허용하지 않을 것이며, 또한 폐기물 상황이 야기할 가능성이 있는 부작용에 대한 모든 반대 및 이의제기 역시 배제할 것이다.[27]

새로운 보조금들

보조금들의 전형적인 정당화의 맥락에서 원자력을 위한 재

정 보조금의 가장 큰 단계를 조사해보자. (이 보조금들은 새로 통과된 2005년 미국 에너지 법안에서 구체화되었다. 이 법안은 원자력 이용 확대 지원정책을 포함해 에너지원의 다양화, 에너지 효율성의 증대, 에너지 인프라 보강 등에 초점을 맞춘 1700쪽의 문서로, 투표하기 전에 이를 철저히 읽은 하원의원과 상원의원들은 있다고 해도 극소수뿐일 것이다.)

전통적으로 에너지 보조금은 특정 기술의 발전 초기에 규모의 경제에 도달하도록 이용되었다. 그러나 국제에너지기구에 따르면 원자력과 연관된 기술은 현재 충분히 검증되고 성숙되었다고 한다.[28] 이런 입장에서도 핵에너지 보조금은 시대착오적인 것이다.

표준적인 경제이론은 사회복지를 증진시킬 때 보조금이 정당화될 수 있다고 말한다. 그러나 방사성 폐기물과 사고, 원자로 용해의 위험, 핵확산, 그리고 테러리즘의 위협과 관련된 환경적, 건강상 위험은 원자력이 제공한 사회복지 기여도를 감소시킨다.

특별히 유엔환경계획(UNEP: United Nations Environment Program)은 경제적으로 비용이 많이 들며, 환경과 사람에게 해로운 보조금을 제거하는 것은 윈윈정책을 의미할 것이라고 지적하고 있다. 이러한 사례로 원자력산업보다 더 적절한 경우를 상상하는 것은 힘들 것이다.[29]

그럼에도 2005년 미국 에너지 법안은 원자력을 위해 요람에서 무덤까지 보조금을 제공하기로 한 것이다. 원자력업계는 보조금과 세금 우대조치 및 아래 내역을 통해 130억 달러를 얻을 것이다.

- 생산 세액 공제 명목의 57억 달러
- 44억 달러의 다양한 보조금 – 연구개발과 세금 우대, 대출 보증과 위험 보험
- 2006년부터 2021년까지 12억5000만 달러와 2016년부터 2021년까지 오하이오 원자력발전소가 연료전지 자동차의 수소를 발생시키도록 하는 '필수 금액(such sums as necessary)'[30]
- 핵에너지 연구개발을 위해 3년간 지급되는 4억3500만 달러. 에너지부의 새 원자력발전소를 건설하는 '핵에너지 2010년 프로그램'과 새 원자로 설계를 발전시킬 '제4세대 원자로 프로그램'을 포함한다. 새 원자로 신청비용은 원자력발전소 신규건설을 위한 정부 허가를 얻는 데 필수적인데, 그 비용의 절반은 각 원자로마다 8700만 달러로 산정되며 이 비용은 납세자의 돈으로 충당될 것이다.

청구서는 역시 납세자를 배경으로 하는 무제한의 대출보증을 포함한다. 의회예산처에 의해 대출 위험이 50퍼센트 이상으로 밝혀지는 상황에서 말이다. 또한 법안은 최악의 경우인 원자로 용해사고 때 6000억 달러의 정부보험 중 98퍼센트를 원자력산업이 아닌 납세자가 부담하는 프라이스–앤더슨법(the Price-Anderson Act)을 재인가해 연장했다. 원자력발전소 사고에 대비해 대인보험이나 재물보험을 구매하는 것은 불가능하다. 원자력산업이 원자력 보험을 스스로 충당한다면 고비용으로 인해 산업 자체가 존립할 수 없었을 것이다.

국가의 대차대조표상에 정부 지출로 나타나는 이러한 항목

들은 정부에 의해 보증되는 '직접적인' 또는 '예산에 의거한' 보조금이다. '예산에 의거한' 거대한 보조금들은 다른 형태의 전기 발생에는 적용되지 않으며, 특별하게 위험한 원자력산업을 지원하기 위해서만 제공되고 있다. 이 보조금들은 핵폐기물을 운송하기 위한 복잡한 인프라를 포함한다. 9·11 이후 원자로와 냉각수조를 겨냥하는 테러리즘에 대항하는 군사적 보호와 핵폐기물을 수송하는 선박들에게 필수적인 해군의 호위를 예로 들 수 있다.[31]

원자력산업계는 다른 많은 정부보조금의 수혜자이기도 하다. 이런 보조금은 숨겨졌거나, 납세자들에게 즉각적이고 명백하게 밝혀지지 않은 과외 경비항목들이다. 이 '과외 경비' 보조금들은 매우 많은데 세금 공제들과 신용, 리베이트, 특혜 세금 대우, 시장 접근 제한들, 규제 지원 메커니즘, 특혜적 입안 승인, 그리고 자연자원으로의 접근을 포함한다.[32]

더 적극적인 여러 가지 과외 경비 보조금은 다음을 포함한다.

특혜 세금 대우

1989년 영국정부는 원자력을 전기부문 민영화 프로그램에서 제외했다. 원자력산업이 너무 큰 투자위험으로 보였기 때문이다. 그런데도 1990년 정부 소유의 NE(Nuclear Electric) 수입 중 50퍼센트에 해당하는 소비자 보조금이 원자력 부문을 지원하도록 도입되었다. 원자력 시설이 신규 전기시장에 전기를 판매한 데서 비용의 절반만을 회수하는 적자상태였기 때문이다.[33]

좌초비용 회수

석탄과 가스를 이용한 전력비용은 낮았기 때문에(전기는 석유에서 거의 발생하지 않는다), 그리고 원자력으로 발생된 전기가격은 시간이 지남에 따라 상승했기 때문에 현재 운전중인 원자력발전소들의 다수가 원자로를 지을 때 예측되었던 회수율을 거의 충족시킬 수 없다. 이러한 시설들의 예측된 이론상 가치와 시장 가치 사이의 차이를 좌초비용(stranded cost)이라고 부른다. 원자력산업계는 이 발전소들의 건설 당시 여건으로는 긍정적인 경제적 가치를 실현할 것으로 예상했기 때문에 현재의 새로운 시장상황에서 적자가 발생하더라도 원자로가 건설될 당시 목표한 수입만으로 족하다고 주장한다.

미국 연방에너지규제위원회는 원자력산업계가 경쟁적이고 공적 규제가 풀린 시장으로 움직임에 따라 좌초비용 회수라는 일반적 원칙을 수락하였다. 1996년까지 좌초비용은 240억 달러에서 560억 달러 사이인 것으로 평가되었다. 하지만 1999년 11개 주의 좌초비용만 해도 1100억 달러로 산출되있다.

영국에서는 민영화 이전에 모든 핵에너지 자산을 정부가 소유했지만, 민영화 이후에는 좌초비용의 부담이 납세자와 소비자에게 분담되었다(납세자와 소비자는 실제로 같은 존재이다). 스페인의 경우에는 원자력산업계에 대한 좌초비용의 원조가 30억 유로 정도로 산정된다.[34]

배상책임 한도

대부분 기업들의 개별 위험은 보험증권으로 가입되며, 기업은 관련 위험의 정성적 평가에 기초한 보험료를 지불한다. 그러나 미국에서 프라이스－앤더슨법은 원자력산업계의 배상책임을, 재앙적 사고의 경우에도 91억 달러로 제한한다. 이는 의회가 보증한 6000억 달러의 2퍼센트도 안 되는 것으로 심하게 과소평가된 것으로 간주된다. 실제 배상책임 한도액은 거주할 수 없게 된 땅과 재산 손실의 정도, 그리고 죽거나 상해를 입은 사람의 수에 따라 달라질 것이다.

유럽연합의 경우에는 '제3자 책임에 관한 파리협약'과 '파리협약을 위한 브뤼셀 보충협약'에 의해 정해진 최대 경제적 배상책임을 2004년에 7000만 유로로 상향 조정했다.[35] 이 액수는 원자력 사고의 보상을 감당하기에 너무나도 불충분한 것이다. 프랑스에서 프랑스 전력공사가 원자력 용해사고의 전체 비용에 대해 보험을 들어야 한다면, 원자력 전기의 가격은 약 300퍼센트 증가해야 한다. 결국 통상적인 상식에 반하여 프랑스 원자력 전기료는 지나치게 낮다.

원자로의 폐로 기금

지금까지는 폐로된 원자로가 거의 없었다. 그러나 많은 발전소들이 운전수명을 다해 가고 있으므로 조만간 폐쇄되어야만 한다. 이미 언급했듯이 이것은 극히 비용이 많이 드는 과정이다. 매사추세츠에 있는 양키 로웨(Yankee Rowe) 원자로는 폐쇄 비용이 1억2000만 달러로 추정되었지만 실제로는 4억5000만 달러가 소요되었다. (원자로 건설은 훨씬 더 비용이 많이 들었다. 뉴햄프셔의 시브룩 원자로는 1976년에 착공하여 1986년 완공되었는데 70억 달러의 건설비가 들었다. 이는 1961년 3900만 달러에 불과하던 건설비용과 극명하게 대조된다.)

이에 비해 폐로 작업은 거의 수행된 적이 없기 때문에 추정하는 데 자료가 부족하다. 폐로에 대한 작업기간은 매우 길고, 부가되는 비용은 보안과 건강, 환경, 지역경제와 국가경제에 해를 끼칠 수 있는 문제들을 포함한다. 만약 강렬한 방사능이 있는 시설과 장치들에서 사고가 발생한다면 보다 큰 재정적 위험을 초래할 수도 있다.

외부 비용들

원자력산업계와 관련된 환경과 건강상의 비용은 핵무기 확산과 테러리즘의 위험까지 감안하면 사적인 영역이 아니라 공적인 영역에서 논의되고 조치되어야 한다. 그럼에도 원자력산업계는 이런 '외재된' 위험에 대한 임의의 재정적 책임을 받아들이려 하지 않는다.[36]

'그림자 연구개발(shadow R&D)'로 볼 수 있는 다른 보조금들은, 대학과 핵물리연구소 깉은 공공기관이 일반적인 연구 승인에 의해 기금을 받아 광범위한 원자력 연구에 소비한 돈을 포함한다. 아직도 대중의 조사를 교묘히 피하는 미국 에너지공급 예산지출법안에 이러한 내용들이 묻혀 있다. 원자력에너지 과학기술국은, 예를 들면 원자력의 개발과 이용에 직접적으로 연관된 열 개의 프로그램을 가동한다. 이 프로그램들은 냉전시대 동안, 원자력 연구가 필수불가결한 핵무기 연구, 개발, 시험과 생산에 대해 수립된 막대한 핵기반시설이라는 계획 안에 포함되어 왔다. 무질서하게 퍼져나가는 핵무기 연구 복합단지는 동에서서, 북에서 남으로 미국 전역에 널려 있으며, 뉴멕시코의 로스알

라모스국립연구소, 캘리포니아의 로렌스 리버모어 국립연구소, 뉴멕시코의 샌디아국립연구소, 아이다호의 오크리지국립연구소, 그리고 워싱턴 주의 퍼시픽 노스웨스트 국립연구소를 포함한다.[37] 이들 시설 가운데 많은 곳이 최근의 원자력 르네상스에 깊이 연루되어 있다.

이 원자력 네트워크의 복잡성과 방대한 규모는 실로 상상을 초월한다. 너무나 자금지원이 잘되고 있고, 너무나 참호에 잘 둘러싸여 있고, 너무나 조직화되어 있으며, 너무나 보이지 않는 곳에 있어서 인류의 진보를 위해 이를 해체하고자 해도 그 방법을 찾을 수가 없을 정도다.

1번에서 10번까지 번호가 매겨진 다음의 단락들은 에너지에 대한 2005년 미국 의회 예산으로부터 거의 말 그대로 퍼낸 것이다.[38] 그들은 미국을 가로질러 대학들과 연구실들에 기반을 둔, 핵에너지 산업계를 위한 거대하고 자유로운 연구개발 부문이 어떠한 것인지 설명한다. 말할 필요도 없이 이 프로그램들을 유지하는 데 관련된 비용은, 원자력산업계가 제공하는 대차대조표 등의 어떤 회계적 정산에도 나타나지 않는다. (다음에 나오는 단락들이 복잡해보이고 이해하기 어렵다면, 이것이 미국 에너지부에 의해 사용되는 언어라는 것을 기억하라. 공문서 따위에서 볼 수 있는 알아듣기 힘든 기술적 표현의 많은 부분이 이후에 나오는 장들에서 번역되고 설명될 것이다. 그 장들은 오래된 원자로의 운전과 낙후에 대해서, 그리고 원자력산업계가 탐욕스러운 에너지정책에게 제안하고자 열정적으로 계획하는 새로운 세대의 원자로들을 설명하고 있다.)

1. 대학 원자로 기반시설과 교육 지원 프로그램은 "대학의 연구용과 교육용 원자로를 지원하며, 학사 특별연구원들과 우수한 대학생들에게 학부장학금을 지원하고, 원자력 기술을 소수를 위한 작은 협회들에게 제공하는 혁신적 프로그램들을 이용하며, 대학 교수진에게 원자력공학 연구를 승인한다. 본 프로그램은 연구를 수행할 국내 역량들과 핵기술들에 있어서, 전문지식을 가진 다음 세대의 과학자들과 공학자들을 유인하고 교육하며 훈련시키는 데 필수적인 중요 기반시설을 유지하도록 돕는다. 미국 에너지부는 또한 대학 연구로들에게 양질의 연료를 제공하고, 대학들에 보다 우수한 원자로 장비를 공급한다." [비용: 2100만 달러]

2. 현존 발전소의 가동률 향상 및 수명연장을 추진하는 원자력 플랜트 합리화계획(NEPO: Nuclear Energy Plant Optimization)은 아르곤국립연구소에 의해 조직화되며, 증기발생기 세관들에 유발된 균열들을 탐색히고 비파괴 검사 기술들의 효과성을 평가한다. 그리고 신호 확인기술들의 지원과 온라인 감시의 이로움을 정량화한 자료를 제공할 것이다. [비용에 대한 자료 없음]

3. NERI(Nuclear Energy Research Initiative)는 아르곤국립연구소에 의해 관리 감독되는데, 제4세대 원자로 체계를 위한 원자로 시스템 및 기본적 화학과 재료과학, 통합된 핵과 수소의 생산, 그리고 진보된 핵연료 및 핵연료주기들의 영역에서 아홉 개의 프로젝트로 구성된다. [비용에 대한 자료 없음]

4. NET(Nuclear Energy Technologies)는 아르곤국립연구소에 의해 운영된다. 이 특별한 프로그램은 새로운 원자력 발전소들의 발전과 연관된 거시경제 평가로 구성된다. [비용: 1024만 6000달러]

5. 제4세대 원자력에너지 시스템 이니셔티브(Generation Ⅳ Nuclear Energy Systems Initiative)를 위해 아르곤국립연구소와 아이다호국립연구소는 제4세대 기술 로드맵(Generation Ⅳ Technology Roadmap)의 준비를 조정한다. 아르곤국립연구소는 개량형 재래수단들, 가스냉각형 원자로 기술과 개량된 핵연료 및 물질들에 있어서 프랑스, 한국과 함께 I-NERI(International Nuclear Energy Research Initiative)를 조정할 것이다. 또한 아르곤국립연구소는 원자로 용해물과 콘크리트의 상호작용에 대해서도 작업한다. 이는 원자로용해 시 콘크리트 용기에 발생하는 문제들에 대한 연구다. [비용: 3054만 6000달러]

6. 아르곤국립연구소에 의해 운영되는 원자력 수소 이니셔티브(Nuclear Hydrogen Initiative)는 핵이 추진하는 열역학적인 수소 생산방법들, 구체적으로 말하면 칼슘-브롬 순환과정의 실험실 분석들을 수행할 것이다. [비용: 900만 달러]

7. 개량형 핵연료주기 이니셔티브(Advanced Fuel Cycle Initiative). 아르곤국립연구소는 기존의 상업적 경수로들과 제4세대 열중성자로와 고속로의 개념들에 대해 일정시간에 처리할 수 있는 사용후핵연료 작업량의 계산들을 포함하는 물리학적 계산들을 수행할 것이다. [비용: 4625만

4000달러]

8. 방사선 시설관리(Radiological Facilities Management)는
   본질적으로 롱아일랜드 증간에 위치한 브룩헤이븐 국립
   연구소에 있는 선형 가속장치이다. 이것은 200만 전자볼
   트의 양성자들을 33기가전자볼트 에이지 싱크로트론(AG
   Synchrotron) 안으로 궤도에 올려놓는다. 어떤 의학적 동
   위원소들은 이 시설에서 생산된다. [비용: 6911만 달러]

9. 아이다호 시설관리와 프로그램 평가(Idaho Facilities
   Management and Program Assessment). 아이다호국립연
   구소는 다년간 핵연구에 깊이 연루되어 왔다. 지금 그들
   은 많은 프로젝트들 중에서 신형시험로(Advanced Test
   Reactor)를 관리하고 있다. 이것은 세계에서 가장 크고 가
   장 앞선 시험로로서 원자로 핵연료들과 중요 핵심 부품들
   에 대한 치명적인 방사선 조사시험을 제공하며, 주로 미
   해군 원자력 추진 프로그램을 수행한다. 또한 신형시험로
   는 의학적·산입직 용도로시 동위원소를 제공히기도 한
   다. 아이다호국립연구소의 다른 시설들은 신형시험로 임
   계 실험장치로(ATR Critical Facility reactor)와 신형시험로
   방사성 물질 처리용 차폐실(ATR Hot Cells)을 포함하는
   데, 여기서는 플루토늄을 조작하기도 한다. 그리고 핵분
   열 연료 연구를 수행하는 과학안전 중수소응용연구소 시
   설국(STAR), 아이다호 국립응용공학개발연구소를 포함
   한다. [비용: 8716만4000달러]

10. 아이다호 방호군(群) 보안(Idaho Sitewide Safeguards
    Band Security). 이것은 핵물질들, 분류된 정보, 정부 재

산, 사이버 보안, 그리고 직원들의 재산에 대한 보호를 제공하며, 본질적으로 보안 운영이다. [비용: 5810만 3000달러]

오랫동안 재생에너지원에 지급되던 보조금은 화석연료와 원자력 부문에 제공되는 보조금 때문에 상대적으로 축소되었다. 미국의 경우 재생에너지원에 대한 연구 초기 첫 15년 동안 핵부문은 킬로와트시당 15.3달러의 재정적 보조를 받았는데, 이는 풍력 에너지 개발의 킬로와트시당 0.46달러와 비교할 때 30여 배에 달하는 것이다.[39] 같은 투자량이었다면 풍력은 원자력보다 다섯 배나 많은 일자리를 창출하고, 전기도 2.3배 더 많이 발생시켰을 것이다.[40] (다른 재생에너지원들은 이후의 장에서 언급될 것이다.)

결론적으로 핵에너지의 실제 비용은 일관되게 허위 진술되었으며 정확하지 않다. 원자력은 납세자에 의해 지나친 보조금을 받는다. (원자력산업계에 이익을 주는 프로그램을 통해서 보조금을 받지만 이것은 그들의 비용 산정에서 제외된다.) 불가사의하게도 외양상 경제적 합리주의와 '자유시장' 원리를 고집하는 선진국들이, 시작부터 막대한 정부보조금 없이 유지될 수 없는 원자력에 대해 납득할 수 없을 정도로 열정적이다. 하지만 자본주의 사회 내에서 전기의 이런 국유화는 지금까지 의문시된 적이 없고 일반대중과 그들이 선출한 대표들로부터 비판적으로 면밀하게 조사된 적도 없다.

3.
원자력과 방사선, 그리고 질병

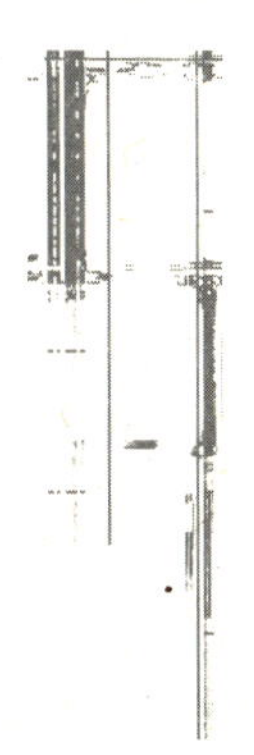

    핵에너지 비용에 대한 명확한 자료는 극히 드물다. 핵에너지 비용 산정은 인류의 건강비용까지 고려해야 하는데, 원자력발전소가 정상적으로 작동할 때조차 이 비용은 결코 만만하지 않다. 광산노동자, 채굴 및 제련 작업장 근처의 거주민들, 핵연료를 만드는 농축과정에 관련된 근로자들은 유해한 양의 방사신에 피폭될 위험이 크며, 그 결과 실제로 암 및 관련 질병들의 발생이 증가되어 왔다. 원자력발전소의 정례적인 혹은 우연한 사고성 방사능 누출 또한 물과 먹이사슬을 끊임없이 오염시키고 있다. 그리하여 지금도 인간과 동물들이 방사선에 피폭되고 있고, 앞으로도 몇 대에 걸쳐 영향을 받을 것이다. 스리마일 아일랜드와 체르노빌 누출사고 이후에 사람들은 원자력 운영비용에 인류의 건강을 고려한 항목이 왜 반영되지 않았는지의 여부를 수없이 비난하고 있다. 방사선의 본질을 이해하는 것은, 핵에너지가 건강에 미치는 충격을 이해하는 데 있어서 매우 중대한 요소다.

방사선과 진화

수십억 년 전의 지구는 생명체에 대해 상대적으로 방사능이 더 많은 유해한 환경이었다. 지구 표면인 바위와 토양과 강력한 태양으로부터 모두 방사선이 발산되었기 때문이다. 발암성 자외선복사를 걸러내는 오존층이 거의 존재하지 않았으므로 태양방사선의 영향은 훨씬 더 강렬했다. 이후 수십억 년에 걸친 고도의 진화과정에서 식물은 광합성을 통해 산소를 발생시켰다. 이 산소가 하부대기층을 통해 성층권으로 들어올려졌고 거기서 자외선에 의해 오존으로 변환되었다. 점진적으로 오존층이 상부대기에 축적되면서 태양복사의 강도가 감소되어 지구는 '진정되었다.'

단세포 유기체로 시작된 생명체는 수십억 년에 걸쳐 다양한 다세포 유기체로 진화했다. 인간이 발생한 것은 상대적으로 최근인 300만 년 전이었다. 자연방사선은 식물과 동물의 번식에 관련한 DNA 분자나 유전자에 돌연변이를 유발함으로써 진화를 가능하게 한 주요 원인이었다(돌연변이는 이중나선 DNA 분자의 생화학적 변화이다). 대다수의 돌연변이는 '유해하여' 죽음과 질병을 자손에 유발한다. 하지만 '유익한' 돌연변이들은 적대적이고 어려운 환경에서 새 유기체가 번성하게 한다. 물고기는 폐를 발달시키면서 물에서 나와 땅에 사는 양서류, 날개를 발달시킨 공룡 같은 파충류, 즉 새의 초기 형태가 되었다. 인간은 조상들이 직립보행을 함으로써 진화했으며, 손이 오늘날의 형태로 변화되고, 거대한 대뇌 신피질을 발전시켜서 결국 자연환경을 지배하고 통제할 수 있게 되었다. 지구의 온도가 낮아지고 자연

방사선이 감소하고 유전적 돌연변이의 빈도가 감소하면서 생물학적 종들은 이 변화에 적응했다.

지구 생명체 진화의 기본적 요소였던 방사선은 수십억 년에 걸쳐 이루어진 대다수의 특별하고 경이로운 종들의 진화에 큰 원인으로 작용했다. 그러나 자연에 의해 유산으로 남겨진 이런 안정된 균형을 이제는 인간들이 바꾸려고 결정한 것처럼 보인다. 진화나 유전학의 미묘한 과정과는 관계없이, 우리는 현재 생활에 에너지를 공급하기 위하여 엄청난 양의 방사성 원소들을 창조한다. 기술적 진보와 번영, 사치, 그리고 끊임없이 향상되는 생활의 안락함에 애착을 갖고 있기 때문이다.

인간이 원자를 분열시키는 데 성공했을 때 우리는 이미 지구상에 자연방사선의 수준과 다양성을 필연적으로 증가시킬 하나의 과정 역시 착수한 것이었다. 원자로에서 우라늄의 핵분열과정은 200개 이상의 인공적인 방사성 원소들을 만들어낸다. 그 가운데 어떤 원소들은 몇 초만 '살아 있지만', 또 다른 원소들은 수백만 년간 방사능을 띤 채로 남아 있게 된다.

일단 창조된 이 악마적인 원소들은 필연적으로 생존방법을 발견할 것이고, 결국 식물과 동물, 인간의 생식기관으로 들어가서 생식세포 안의 유전자들을 질병에 걸리게 함으로써 당대에 죽음에 이르게 하거나, 또는 숨겨진 유전적 질환이 먼 자손에서 나타나게 할 것이다. 이는 위에서 설명한 바처럼 유익한 돌연변이는 빈도가 매우 드물고 발현되려면 수백만 년이 걸리는 반면, 대다수의 돌연변이는 비교적 빠른 시간 내에 질병을 유발하기 때문이다.

방사선과 인간의 생식

생물학 과정에서 흔히 배우듯이 유전자는 DNA 분자로 구성되어 있다. DNA 분자들은 생명을 짓는 벽돌들로서 식물과 동물, 인간이라는 모든 종들의 유전된 특성의 원인이다. 난자나 정자 안의 모든 유전자가 만들어질 때 난자와 정자의 각 생식세포 유전자 수는 2등분되어, 임신이 일어날 때 새로운 개체는 한 벌의 유전자를 갖추게 된다. 대부분의 특성들은 모계와 부계로부터 유전된 한 쌍의 유전자에 의해 좌우되며, 이 유전자들의 각각은 우성 또는 열성이 될 수 있다.

우성유전자와 열성유전자의 특성은 눈동자의 색에 의해 잘 예시될 수 있다. 즉 갈색 눈동자의 유전자는 우성이고, 푸른 눈동자의 유전자는 열성이다. 푸른 눈동자는 푸른 눈동자의 유전자 쌍을 유전으로 물려받은 경우에만 드러날 수 있다. 이 경우 푸른 눈동자에 대한 동형유전자를 가지고 있다. 갈색 눈동자를 가진 사람은 두 개의 갈색 눈동자 동형유전자를 가지고 있거나, 하나는 갈색 유전자이고 다른 하나는 푸른 유전자인 이형유전자를 가진 두 가지 경우 모두일 수 있다.

예를 들면 어머니가 푸른 눈동자이고 아버지가 동형유전자를 가진 갈색 눈동자일 경우, 모든 자녀는 갈색 눈동자를 가지게 될 것이다. 왜냐하면 모든 정자가 갈색 눈 유전자를 운반할 것이기 때문이다. 그러나 아버지가 이형유전자를 가진 갈색 눈동자일 경우 아기가 갈색 눈동자를 가질 확률은 50퍼센트이다. 이는 정자의 절반이 푸른 눈동자의 유전자를 운반하고, 나머지 절반은 갈색 눈동자의 유전자를 운반할 것이기 때문이다.

이러한 경우는 많은 유전적 질환에도 적용된다. 낭포성 섬유증(cystic fibrosis)은 유년기에 나타나는 가장 흔하고 치명적인 유전자 질환으로 열성유전자를 통해 유전된다. 코카서스인의 25명 중 한 명은 이런 열성유전자를 가지고 있는데, 두 명의 낭포성 섬유증 보인자가 결혼하면 두 개의 낭포성 섬유증 유전자가 결합하여 낭포성 섬유증을 가진 자식 한 명을 낳을 가능성이 4분의 1이 된다. 즉 한 명의 태아는 두 개의 정상유전자로 동형유전자를 가지게 되며, 자식 중 둘은 한 개의 정상유전자와 한 개의 낭포성 섬유증 유전자로 구성된 이형유전자를 갖게 되고, 한 명은 두 개의 열성 낭포성 섬유증 유전자로서 동형유전자를 가지게 된다.

모든 사람이 질병을 일으키는 열성유전자를 운반한다. 그러나 한 사람이 비정상적 유전자 중 하나를 가지는 또 다른 보인자와 결혼할 경우에만 이런 질병이 나타나는 아이가 태어난다. 어떤 새로운 돌연변이는 자발적으로 발생하지만, 대다수의 비정상적 유전자들은 먼 과거의 돌연변이로부터(일반적으로 자연방사선에 의해) 유발되는 것이다.

방사선과 유전학에 대한 생산적인 연구가 1927년 멀러(H. J. Muller) 박사에 의해 수행되었다. 그는 초파리에 방사선을 조사(照射)했는데, 이 초파리들이 매우 빠르게 번식했기 때문에 멀러는 짧은 시간에 수백 세대에 걸친 효과를 관찰할 수 있었다. 예를 들면 기형 날개의 원인이 되는 방사선 유발성 우성 돌연변이(radiation-induced dominant mutation)는 초파리의 많은 세대를 통해 반복해서 나타났다. 이러한 선구적 업적으로 1946년 멀러 박사는 노벨상을 수상했다. 그 이후 다른 연구자들은 멀러의 발견을 확증했다. 이러한 연구를 통해 돌연변이의 수는 한 번에 큰 조사량을 받았든 여러 번 작은 조사량을 받았든 간에 생식기관이 받은 방사선량에 비례하는 것으로 나타났다.

방사선은 우성 돌연변이 또는 열성 돌연변이, 여성 X염색체로 인한 반성(sex-linked) 유전 돌연변이, 세포 내 미토콘드리아에서의 돌연변이를 일으킬 수 있다. 이는 특정한 유전적 특성을 결정한다. 두 개의 전형적인 반성 유전 질환은 색맹과 혈우병이다. 최근의 자료에는 유전적으로 계승되는 총 1만6604개의 질환들이 기술되고 있다.[1]

모든 인간의 세포는 핵 안에 46개의 염색체를 가지며, 유전자들은 23쌍의 염색체를 따라 짝을 지어 배열해 있다. 유전적 돌연변이를 차치하더라도 방사선은 염색체를 파괴하는 원인이 될 수도 있다. 그 결과 다운증후군(Down's syndrome)을 비롯한 심각한 정신적·물리적 기능장애가 초래된다. 외부의 방사선에 노출되거나, 방사성 원소가 태아 내의 태반을 가로지르며 예를 들어 심장의 격막이나 뇌의 우반구, 또는 왼팔을 형성하는 특정세포를 죽이면, 온전히 기능하는 유전자와 염색체를 가진 정상 태아 역시 해를 입는다.

과거 수십 년간 임신부가 탈리도마이드(Thalidomide: 진정제와 진토제로 사용되었던 화합물로 기형아가 생긴다는 이유로 사용금지-옮긴이)라는 약을 복용했을 때 유사한 기형이 관찰되었다. 이 약제는 입덧을 완화시키지만 앞의 경우와 유사하게 태아 내의 중요 세포들을 죽이는 것으로 나타났다.

방사선과 질병

모든 비생식세포 또는 체세포는 세포분열의 속도를 제어하는 조절유전자를 가진다. 조절유전자가 방사선 노출에 의해 생화학적으로 변경되면, 세포는 2년에서 6년간 지속되는 발암 잠복기 동안 암을 배양하기 시작한다. 그리고 조절되는 방식으로 두 개의 딸세포(daughter cell)로 분열하는 세포 대신 암을 만드는데 통제할 수 없는 마구잡이 방식으로 수백만 또는 수조의 딸세포로 분열하기 시작한다. 암세포는 매우 침략적인 경향이 있다. 그들은 주요 암 덩어리로부터 떨어져서 미시적인 방식으로 림프관과 혈관에 침입하고 다른 기관(간, 뼈, 폐, 뇌 등)으로 떠돌아다닌다. 그리고는 그 장소에서 성장하여 2차적인 암 또는 암의 전이를 유발한다. 많은 경우에 이런 비정상세포들의 마구잡이식 성장을 멈추게 하는 것은, 불가능하지는 않더라도 지극히 어려운 일이다. 그리하여 단일한 유전자의 단 하나의 돌연변이라도 치명적일 수 있다.

우리가 흔히 알고 있듯이 암은 20퍼센트만이 유전되고, 80퍼센트는 환경적 요인에 의해 유발된다. 암은 과거부터 인류에게 끊임없이 고통을 주고 있는데, 고대 이집트의 한 미라는 암으로 벌집이 되어 있었다. 과거와 현재의 많은 암들이 자연방사선에 의해 발생한다는 것은 일반적으로 알려진 내용이다. 노화가 점점 더 많은 방사선량과 발암성 화학물질들에 사람들을 노출시키기 때문에 암은 일반적으로 노년층의 질병이다.

따라서 방사선량은 안전하지 않다. 모든 방사선은 축적이 된다. 방사선량은 암을 진행시키거나 생식기관 내의 유전자를 돌연변이로 만들 위험을 더하게 된다. (적절한 진단이 이루어질 때 위험은 작아지고 이점은 커진다. 그러나 불필요한 X-선이나 CAT 스캔은 피해야 한다.) 우리는 지구와 태양으로부터 매년 100밀리렘(millirem: 방사선의 작용을 나타내는 단위로 1렘의 1000분의 1-옮긴이) 정도의 자연방사선에 노출되고 있다. 70년간 연당 100밀리렘을 받을 경우 125명 가운데 한 명에게서 암이 생길 것이라고 추정된다.

그러나 원자력산업계를 감독할 책임이 있는 미국 원자력규제위원회는 핵에너지 발생을 통해 만들어지는 인공방사선으로 일반대중들이 매년 100밀리렘을 부가적으로 받는 것이 허용된다고 결론 내렸다. 이는 자연방사선으로부터 한 명, 그리고 '허용 가능한' 인공적 방사선으로부터 한 명을 더하여, 매년 수백 명의 사람들 중 두 명의 암환자가 발생하는 것을 의미한다.[2]

이 규정은 핵관련 근로자에게는 훨씬 더 관대하다. 그들은 1년에 5렘(rem: 방사선이 생물체에 미치는 작용을 결정하는 흡수선량의 단위-옮긴이)의 방사선을 받는 것이 허용된다(5000밀리렘). 법적으로 허용되는 이러한 방사선량에 50년 정도 피폭되면, 다섯 명의 핵관련 근로자 중 한 명이 암에 걸릴 것이다.[3] 이 근로자들은 생식기관이 방사선에 피폭된 상태로 방사능이 매우 높은 지역에서 작업해야 한다. 대다수의 핵관련 근로자가 남자들이기 때문에, 그들의 정자에 돌연변이를 일으킨 유전자는 자손을 통해 유전되고 미래의 세대로 흘러갈 것이다.

극소수의 핵관련 여성근로자들 또한 난자 안에서 유전자가 돌연변이 됨에 따라 유사한 영향을 받게 될 것이다. 이런 위험한 피폭 없이 원자력산업은 기능할 수가 없다. 그러나 핵관련 근로자들에게 원자력산업에서 작업할 경우의 생물학적 위험에 대해 적절하게 알려주는지는 의심스럽다.

더 나아가 원자력산업계는 '허용할 수 있는' 방사선 피폭량을 계산할 때, 건강한 70킬로그램 남성이라는 모델을 표준으로 이용한다. 그러나 모집단은 균질적인 것과는 거리가 멀다. 노인들, 면역력이 저하된 환자들, 정상적인 아이들, 그리고 특정 유전질환에 걸린 사람들은 정상적인 성인보다 방사선의 유해한 영향에 몇 배 더 민감하다. 방사선에 피폭된 부모에게서 태어난 아이는 암 또는 백혈병 발병 위험이 표준적인 경우보다 더 높다.[4] 높은 수준의 방사선은 심장질환과 뇌졸중을 유발하는 것으로 알려져 있기도 하다.[5]

성인들의 암발생률은 갈수록 높아지고 있는데,[6] 특히 신장암과 뇌암, 간암, 비호지킨 림프종(non-Hodgkin's lymphoma), 고환암이 그러하다. 어른인 우리가 발암성 화학물질과 방사성 원소들로 환경을 오염시키는 가운데 아이들 역시 어른과 마찬가지로 암발생률이 증가하고 있다.[7] 그중에서도 특히 뇌암이 두드러진다. 현재 8만 가지의 화학물질이 널리 사용되고 있는데, 그중 극소수만이 발암성을 검사받았다. 화학물질과 방사성 원소들은 인체와 동물의 몸에서 시너지효과를 일으키며 행동하는 경향이 있으며, 서로 발암효과를 강화하는 것으로 알려져 있다.

미국 국립과학아카데미(National Academy of Sciences) 보고서에 따르면, 미국에서 인공적 방사선은 인간에 대한 방사선의 피폭 가운데 18퍼센트를 차지한다.[8] 이와 달리 자연계에 존재하는 방사선도 있는데, 여기에는 방사성 라돈 가스와 지구의 방사성 바위와 광물들, 태양으로부터의 자외선복사 등이 포함된다.

인공적 방사선의 범주 가운데 79퍼센트는 의료용 X-선과 핵의약(암을 진단 검사하고 치료하는 반감기가 짧은 방사성 원소)들이 차지한다. 또한 담배와 수돗물, 원자력발전 등 소비재에서의 방사성 원소는 5퍼센트에 해당한다.[9] 그러나 원자력과 핵무기 생산으로 축적되는 막대한 양의 방사성 폐기물이 누출되기 시작하여, 세계 여러 지역에서 수돗물과 먹이사슬을 오염시키고 있기 때문에 이런 근원들로부터의 방사선 피폭 비중은 보다 확대될 것이다.

요약하면 현재 18퍼센트 정도인 인공적 방사선에 의한 피폭은 더욱 증가할 것이다. 왜냐하면 방사성 폐기물은 수백 수천 년 동안 방사능을 띠고 있을 것이기 때문이다. 결국 원자력은 오늘날 우리의 조명을 밝혀줌으로써 내일의 후손들에게 방사능이라는 유물을 유산으로 물려주는 셈이다.

원자력발전소로부터의 일상적인 방사선

핵연료주기로부터 누출되는 방사성 원소들을 살펴보기 전에, 먼저 그것들이 방출하는 방사선의 종류와 살아 있는 세포에 미치는 위험들을 분명하게 해야 한다. 각각의 방사성 원소 또는 동위원소는 물리적 성질에서 고유하며 특정한 반감기를 가진다. 예를 들면 방사성 요오드 131은 8일의 반감기를 가져서 8일 내에 방사성 에너지의 절반을 잃고, 남은 8일 동안 원래 방사선의 4분의 1로 감소한다. 그런 방식으로 무한히 계속되는데, 반감기에 대략 20을 곱하여 특정 동위원소가 방사선을 보유할 시간을 계산하는 것이 통상적이다. 그러므로 요오드 131의 경우 방사성을 띠는 기간은 160일 또는 23주이다.

어떤 동위원소는 원자로 내에서 매우 짧은 반감기(1초보다 짧다)를 가지지만, 어떤 동위원소의 반감기는 극단적으로 길다(수백만 년에 이른다). 이런 동위원소들은 여러 유형의 방사선을 방출하기도 한다. 많은 동위원소들이 X-선과 같은 종류의 감마선을 방출한다. 감마선은 인체를 뚫고 직선으로 나아감으로써 인체를 방사화시키지 않지만, 조절유전자(regulatory gene)나 생식유전자(reproductive gene)들을 돌연변이시킬 수 있다.

새 동위원소들의 일부는 알파선을 방출하는데, 알파선은 불안정한 원자핵으로부터 발사되는 두 개의 양성자와 두 개의 중성자로 구성된 입자이다. 원자력산업계는 알파선은 멀리 가지 못하며 종이 한 장도 투과하지 못하기 때문에 위험하지 않다고 주장해 왔다. 또한 알파선은 사람 피부의 죽은 세포층이나 표피층을 투과하지 않아 살아 있는 세포에게 해를 끼치지 않는다. 그렇지만 위장을 통해 인체에 들어가거나 폐로 흡입뇌면 살아 있는 세포와 직접적인 접촉을 하게 되고 그만큼 돌연변이의 발생률을 높인다.

다른 동위원소들은 베타선을 방출하는데, 베타선은 불안정한 원자핵으로부터 발사되는 한 개의 전자로 구성된다. 더 가볍기 때문에 알파선보다 더 멀리 돌아다니는 베타선 역시 돌연변이 발생률을 매우 높이며 발암성이 있다.

동위원소에 의한 방사선은 잠행성이며 원인불명으로 은밀히 진행된다. 다양한 방사성 원소들은 신체의 특정 기관으로 병합되는데, 예를 들면 알파선을 방출하는 플루토늄을 100만 분의 1

그램 흡입할 경우, 알파 입자는 매우 작은 거리를 이동하므로 폐 안 세포의 매우 작은 공간이 방사선에 조사된다. 알파선은 너무 치명적이기 때문에 방사선을 쬐는 대부분의 세포들은 죽게 된다. 하지만 방사선은 거리의 제곱에 따라 감소하므로 방사선의 영향 반경 끝에 있는 세포들은 생존하게 된다. 그러나 그들 중 일부는 거의 확실하게 조절유전자의 돌연변이를 겪을 것이고, 이후 손상된 이런 세포들 가운데 하나에서 암이 진행될 것이다.

원자력산업으로부터 인공적 방사선에 피폭되는 데는 많은 경로가 있다. 먼저 핵에너지를 생산하기 위해 우라늄 광석을 채굴하고 제련하며 농축하는 동안, 상대적으로 적은 양이기는 하지만 결코 무시할 수 없는 방사선이 대기와 물로 매일 방출된다. 그 외에도 원자력발전소는 원자로의 정상적인 가동과 조작을 통해 통상적으로 방사선을 방출하고 있다. 결국 생각보다 많은 방사선의 누출을 원자력산업계가 일상적으로 받아들인다는 것은 인류에게 너무도 무서운 일이다.

우라늄 채굴

우라늄은 마리 퀴리(Marie Curie)가 우라늄 광석에서 피치블렌드(pitchblende, 역청우라늄 광석)를 정제하고 라듐을 분리했던 19세기 후반부터 유럽에서 채굴되기 시작했다. 그후 1940년대에 특별히 핵무기를 위한 연료를 공급하기 위해 대규모 채굴이 개시된 이래 수십 년간 줄어들지 않고 지속되고 있다. 우라늄 광상(鑛床)의 절반 이상이 나바호족과 푸에블로족이 살고 있는 미국 지역에 묻혀 있어서[10] 많은 미국인들이 긴 세월 동안 지하와 지상의 광부로 고용되어 일해 왔다.

지하에서 우라늄을 채굴하는 사람들은 라돈 220이라는 높은 농도의 방사성 가스에 노출되기 때문에 늘 큰 위험을 감수해야 하는데, 라돈 220은 광산의 대기에 축적된다. 라돈은 우라늄의 딸핵종(Daughter: 방사성이 붕괴하여 새로이 생성된 붕괴생성물을 말하는데, 이 물질을 붕괴 전 핵종의 딸핵종이라 말하고 붕괴 전의 핵종을 어미핵종이라 한다-옮긴이) 혹은 붕괴생성입자이며, 매우 높은 발암성의 알파 방사체(alpha emitter: 알파 붕괴하는 원자핵 또는 이를 함유한 물질들의 총칭-옮긴이)이다.

따라서 라돈을 흡입하면 폐에서 방사성 붕괴를 일으키며, 공기가 폐로 지나가는 중에 체내에 쌓이게 되어 방사선을 받은 세포들은 지극히 유해한 영향을 받게 된다. 그 결과 우라늄 광산의 광부들은 폐암 발생률이 매우 높다. 북미의 우라늄 광산 광부들은 5분의 1에서 2분의 1까지 폐암으로 사망했거나 계속 죽어가고 있으며, 이들 중 다수는 현지 미국인들이다.[11] 독일과 나미비아, 러시아 같은 다른 나라들에서도 우라늄 광산의 광부들이 유사한 운명을 겪고 있다는 기록이 나타나고 있다.[12]

죽음을 초래하는 또 다른 우라늄 딸핵종은 라듐 226인데, 의학문헌들에서 악명이 높은 이 방사성 원소는 알파선과 감마선을 방출하며 반감기는 1600년이다. 20세기 초반에 여성들은 라듐이 농후한 페인트로 시계의 글자판에 숫자들을 색칠했다. 그러면 그 숫자들은 어둠 속에서 방사능으로 빛이 났는데, 많은 여성들이 그 숫자들을 보다 정확하게 쓰기 위해 붓끝을 입으로 핥았다. 그로 인해 많은 양의 라듐을 삼키게 되었고, 칼슘과 유사하게 라듐이 뼈에 축적되었다. 결국 그중 대다수가 뼈에 영향을 주는 골육종이라는 매우 치명적인 뼈암(bone cancer)으로 사망했다. 그 밖의 사람들은 백혈구가 골수에서 만들어지기 때문에 백혈병에 쓰러지고 말았다. 라듐은 광산 안의 우라늄 먼지를 구성하는 중요한 성분이기 때문에 우라늄 광산의 광부들은 유사한 위험에 노출되어 있다. 즉 그들이 먼지를 삼킬 때 라듐이 위장에서 흡수되어 뼈에 축적물로 남는다. 우라늄 자체 또한 뼈에 축적되는 발암물질이다. 또한 우라늄 광석 표면에서는 감마선이 방출되어, 결국 광부들은 다른 우라늄 딸핵종에 의해 X-선처럼 전신 조사되며, 그들의 생식기관들은 연속적으로 방사선의 영향을 받는다.

우라늄 광석이 채굴되고 추출된 이후에도 여전히 방사능이 남아 있는 많은 양의 먼지와 흙은 광산 근처에 거대한 퇴적물을 형성한다. 대기와 비로 노출되는 이 물질들은 광미라고 불리는데, 북아메리카에 있는 대부분의 광미는 나바호족의 지역과 뉴멕시코의 라구나 푸에블로족 지역에 위치한다. 1980년까지 나바호 종족지역에는 42개의 우라늄 광산과, 인디언 지정 거류지나 보호지역 근처에 위치한 일곱 개의 제련소가 있었다. 수백만 톤의 방사성 먼지가 라돈 220을 대기로 누출한 결과 이웃에 사는 토착민들이 방사선에 피폭되어, 많은 사람들이 폐암을 앓고 있거나 진행중인 것으로 나타났다.[13]

수용성인 라듐 226은 비로 인해 광재 더미에서 종종 식수의 근원이 되는 지하수로 녹아들어간다.[14] 라듐이 시내와 강들로 들어갈 때 수생생물과 육생식물의 먹이사슬 각 단계에서 수백 배의 생물학적 축적이 일어나게 된다. 라듐 226은 맛과 냄새가 없기 때문에, 이런 오염된 생물학적 개체군 내에 있는 사람들은 자신들이 방사성 물을 마시고 있는 것인지, 방사성 대기를 호흡하고 있는 것인지, 또는 뼈암이나 백혈병을 유발하는 생선이나 음식을 먹고 있는 것인지를 알 수가 없다.

수백 개의 광산과 광미들이 나바호 지역의 대기와 바람에 여전히 노출되어 있다. 수천 명의 나바호 주민들은 아직도 우라늄이 유발한 암들의 영향을 받고 있으며, 문제가 해결되지 않으면 이 현상은 앞으로 수천 년간 동일하게 지속될 것이다.[15] 통틀어 2억6500만 톤의 우라늄 광미가 미국 남서부를 오염시키고 있지만,[16] 정부나 원자력산업계 모두 인디언 부족민 지역의 막대한 방사능 오염을 정화하기 위해 어떤 시도도 하지 않았다. 반면에 코네티컷 뉴캐넌의 부유한 마을이나 애디론댁 내 록펠러의 드넓은 토지 근처에서 방사성 광미의 퇴적더미가 방치되어 있는 것은 상상할 수도 없는 일이다.

우라늄 제련

미 연방정부는 우라늄 제련비용을 부담한다. 제련과정은 채굴된 광석을 부수고 화학적으로 취급하여 우라늄 금속을 옐로케이크라고 불리는 화합물로 전환시킨다. 제련과정에서 사용된 광석은 주로 정부의 제분소가 위치한 미국 남서부 나바호 부족민 토지에 버려진다. 이런 광재들은 라듐과 토륨(thorium)이라 부르는 위험한 방사성 원소를 함유한다. 최근 40년간 1억 톤의 광재가 주로 미국 남서부에 있는 모퉁이 지역(애리조나, 콜로라도, 뉴멕시코, 그리고 유타의 교차점)에 쌓여 왔다.[17]

1960년대 중반 콜로라도 주 그랜드정크션(grand junction: 미국 콜로라도 주 서부에 있는 도시-옮긴이)시의 지역 토건업자들은 수 에이커의 땅에 광재가 경비도 없이 버려져 있는 것을 발견했다. 방사능이 있다는 것을 몰랐기 때문에 그 토건업자들은 이 값싼 매립쓰레기를 콘크리트와 섞어 학교, 병원, 주택, 도로, 공항, 그리고 쇼핑몰 등의 건설에 사용했다. 1970년대 이 지역의 소아과 의사들은 새로 태어난 아기들 가운데 언청이와 구개파열(口蓋破裂)을 비롯한 선천적 기형의 발생이 증가한 것을 주목했다. 아기들의 부모들은 지속적으로 감마선과 라돈 가스를 방출하고 방사능을 지닌 구조물 안에서 산 사람들이었다.[18]

미국 환경보호국은 신생아의 기형과 방사능을 띤 주택의 상호관계 연구를 위해 콜로라도대학 의학센터에 연구비를 지원했다. 그러나 1년 후 연방당국이 예산상 이유로 많은 프로그램들을 삭감해야 한다며 연구비 지원을 중단했다.[19]

우라늄 농축

1장에서 기술한 것처럼 우라늄 235 동위원소는 원자력발전소에서 0.7퍼센트의 저농도에서 3퍼센트까지 농축된다. (우라늄 235는 50퍼센트 이상으로 농축되면 핵무기 연료로 사용될 수 있다.) 농축과정의 모든 단계에서 근로자들은 우라늄의 방사성 붕괴로부터 감마선의 전신 조사를 겪는다. 그러나 농축의 가장 심각한 측면은 버려지는 물질인 우라늄 238이다. 열화우라늄(depleted uranium)이라고 불리는 이 물질은 여전히 상당한 방사능을 띠고 있다.

열화우라늄은 켄터키 주의 퍼두커, 테네시 주의 오크리지, 오하이오 주 포츠머스의 농축시설에서 누출되고 분해되는 수천 개의 용기 안에 담겨져 있다. 퍼두커에서만 3만8000실린더 탱크 안의 열화우라늄이 처리를 기다리고 있는데, 이 열화우라늄이

지하수를 오염시키기 때문에 정부는 지역 주민들을 위해 대안적인 식수를 제공해야 했다.[20]

미국 국방부는 소량이나마 방사성 폐기물을 채치 있게 이용하는 법을 발견했다. 우라늄 238의 밀도가 납보다 1.7배 더 높은 것에 착안해 이상적인 대전차무기로 이용한 것이다. 대포를 발사할 때 열화우라늄탄은 버터를 통과하는 뜨거운 칼처럼 상대편 탱크 표면의 강철을 헤치고 나아간다. 한편 열화우라늄의 성질 가운데는 저절로 타는 자연발화성이 있다. 이는 충격으로 폭발하는 순간 80퍼센트까지 미세한 에어로졸(aerosol: 대기 중에 부유하는 고체 또는 액체의 미립자로 기교질, 연무질, 대기오염물질 등이라고도 한다-옮긴이)이 되어 사방팔방으로 살포된다는 것을 의미한다. 방사능을 띤 이런 안개는 반감기가 45억 년이다.

무엇보다도 우라늄은 중금속이다. 우라늄은 호흡을 통해 폐로 들어가거나 섭취를 통해 위장관으로 들어간다. 대부분 신장에 의해 배설되지만 흡입량이 많을 경우에는 신장 이상이나 신장암을 유발할 수 있나. 또한 우라늄은 길슘과 유사하게 뼈에 박히는 성질이 있어서 플루토늄처럼 뼈암과 백혈병을 유발한다. 최근에는 적지 않은 사례를 통해 정액에서 우라늄이 관찰되었는데, 이는 정자의 유전자를 돌연변이시킨다.

1991년 걸프전쟁 당시 미국 국방부는 이라크, 쿠웨이트, 사우디아라비아에서 대전차 무기 포탄으로서 360톤의 열화우라늄을 사용했다.[21] 미국 국방부에 따르면 2002년 시작된 전쟁에서 미국과 그 동맹국들이 127톤 이상을 사용했다고 밝혔지만, 국방부는 열화우라늄의 전체 사용량 발표를 공공연히 거부했다. 현재 열화우라늄의 많은 양이 바그다드 같은 도시들 안에 있다. 문제는 500만 인구의 절반이 타버린 바그다드의 탱크 안과 모래먼지 속에서 놀고 있는 아이들이다. 아이들은 성인들에 비해 방사선에 의한 발암효과에 10~20배 더 민감하다. 1991년 이런 병기들이 사용된 바스라(이라크 동남부 페르시아만에 있는 항구-옮긴이)에서 소아과 의사로 일하고 있는 내 동료는, 소아암과 선천성 기형이 전체적으로 일곱 배 증가했다고 보고한다.

본질적으로 두 번의 걸프전쟁은 핵전쟁이었다. 왜냐하면 그 전쟁들을 통해 핵물질들이 땅을 가로질러 살포되었고, 사람들(특히 어린이들)에게 영구적으로 유해한 악영향을 끼쳐 선천성 질환으로 사망하게 될 운명을 만들었기 때문이다. 우라늄 238의 치명적인 반감기 때문에 문명의 요람 안에 있는 음식, 공기, 물은 영원히 오염시킬 것이다.

우라늄 농축과 관련된 나라들에 영국과 중국, 러시아, 이스라엘, 일본, 독일, 아르헨티나, 프랑스, 북한, 이란, 파키스탄, 브라질, 그리고 인도가 포함된다는 점을 주목해야 한다. 이란은 지금 핵무기를 만들고 있지 않고, 북한과 이스라엘의 농축 프로그램은 명확하지 않다. 영국, 중국, 러시아, 프랑스, 그리고 파키스탄은 고도로 농축된 우라늄 무기들을 가지고 있다. 이런 나라들 중 많은 나라가 자신들이 원한다면 우라늄을 50퍼센트 이상 농축하여 핵무기를 만들 수 있다. 미국이 수년 전에 선례를 만들었고 세계가 이를 따르고 있다.[22]

핵연료 성형가공

핵연료를 제조하는 과정에서 작업자들은 방사성 물질에 더 피폭된다. 우라늄 연료는 제련 후에 가공되어 담배 필터 크기만

한 실린더 모양의 세라믹 펠릿(pellet: 일반적으로는 구상 또는 원주상의 물체를 지칭하지만 원자로에서는 이산화우라늄 등의 핵분열물질을 압축·소결하여 세라믹으로 만든 원주상의 핵연료 펠릿을 말한다-옮긴이)으로 만들어지고, 0.5인치 두께에 길이가 12~14피트에 달하는 속이 빈 지르코늄 연료봉에 넣어진다. 각 봉(rod)은 최소한 250개의 펠릿을 포함하며, 이러한 봉 약 5만 개가 14피트 높이와 직경 20피트인 원통형 공간 안에서 1000메가와트 원자로의 핵심으로 봉해진다. 핵연료 성형가공(Fuel fabrication) 작업자들은 라돈 가스와 우라늄 먼지 이외에 우라늄으로부터 방사되는 감마선에 다시 한번 피폭된다.[23]

원자력발전소 가동에 따른 통상적인 누출

1000메가와트 원자력발전소의 원자로 노심(爐心, core) 안에는 100톤의 우라늄이 물에 잠겨 있다. 붕소로 만들어진 제어봉(moderating rods)이 천천히 제거될 때 우라늄은 임계질량(핵분열성 물질은 일정량 이상이 보이면 핵분열 연쇄반응을 일으킨다. 이런 연쇄반응에 필요한 최소질량을 임계질량이라고 한다-옮긴이)에 도달한다. 원자들로부터 방출된 중성자들이 다른 우라늄 원자들을 치면 이 원자들은 쪼개져서 더 많은 중성자를 방출한다. 이 과정에서 200개 이상의 새로운 방사성 원소가 만들어지는데, 이것은 인간에 의해 우라늄이 핵분열되기 전까지는 존재하지 않았던 것들이다.

그 결과 생성되는 우라늄 연료는 원래의 방사성 원료보다 10억 배나 더 방사능이 있다.[24] 보통의 1000메가와트 원자력발전소는 1000개의 히로시마 원자폭탄의 폭발로 방출되는 방사선과 동등한 양의 장수명 방사선을 포함한다. 이 과정은 필연적으로 방사성 물질을 환경으로 방출한다. 시간이 지남에 따라서 우라늄의 부피가 팽창하면 지르코늄 피복에 깨어져 틈이 생긴 작은 구멍이 나타난다. 그리고 결함이 있는 접합부분이 지르코늄 연료봉 자체에서 파열되면서 방사성 동위원소나 방사성 원소들을 냉각수로 누출시킨다. 그 외에 연료봉의 벽을 뚫고 방출된 방사선이 물분자를 활성화시키고 물 자체에서 방사성 원소들을 만들어낸다. 예를 들면 연료봉으로부터 방출된 중성자는 물분자와 상호작용하여 수소의 방사성 동위원소인 삼중수소를 형성한다. 그리하여 원자로를 냉각시키는 1차 냉각수가 강한 방사능을 띠게 된다.

뜨거운 1차 냉각재는 증기발생기(steam generator)를 통해 배관을 따라 2차 냉각계통을 가열한다. 이 2차 냉각재가 증기로 전환되어 발전기를 돌림으로써 전기를 생산한다. 1차 냉각재는 2차 냉각재와 섞이지 않아야 하지만 통상적으로 2차 냉각계통에서 방사선이 방출되고 있다.

모든 원자로의 핵연료봉에서 누출되는 방사성 기체들 역시 보통 대기로 방출되거나 빠져나간다. 이런 기체들은 일시적으로 저장되어 단수명 동위원소가 붕괴하도록 허용하고, 원자로 지붕에 공학적으로 설계된 구멍을 통해 증기발생기로부터 대기로 방출되는데, 이 과정을 배기(venting)라고 한다. 또한 약 100입방피트의 방사성 기체들이 매시간 원자로의 응축기들로부터 방출된다. 계획된 배기는 원자로가 기계적 고장으로 인하여 멈출 때 횟수가 더욱 증가하며, 우발적인 배기도 드문 것이 아니다.[25]

원자력규제위원회는 방사성 기체가 송풍기를 통해 원활하게 대기로 흘러나갈 때 계획된 '환기'를 할 수 있도록 공식적으로 허용했다. 이때 시설운전자들은 작업자가 들어가 유지보수를 하도록 위험한 방사성 환경을 완화시킨다. 오래된 원자로는 보통 가동중에 연간 22회의 환기가 허용되며, 저온정지(cold shut-down: 전 제어봉을 노심에 삽입하여 미임계 상태에서 핵분열반응을 정지시키고, 원자로 플랜트를 냉각하고 감압한 뒤의 원자로 상태-옮긴이) 동안 연간 2회의 환기가 허용된다.[26] (저온정지는 원자로에서 핵분열 반응이 정지될 때 발생하며, 방사능이 너무 높은 연료 30톤을 제거하고 새로운 연료로 채운다.)

요오드 131 같은 더 위험한 기체들은 보통 여과기에 의해 잡히지만 항상 그런 것은 아니다. 방사성 요오드가 걸러진 후에 불활성기체들은 관례적으로 방출된다. 원자력산업계는 불활성기체가 화학적으로 불활성이어서 인체와 생화학적으로 반응할 수 없다고 주장한다. 하지만 불활성기체들은 파생동위원소(daughter isotope: 모동위원소의 방사선 붕괴로 생긴 동위원소-옮긴이)로 붕괴하며, 그들 자체는 화학적으로 매우 반응성이 크다.

불활성기체에는 슈퍼맨을 연상시키는 크세논(xenon), 아르곤(argon), 크립톤(krypton) 같은 이름들을 가진 많은 다양한 원소들이 있는데, 아래에서 그중 일부를 설명한다. 불활성기체는 고에너지의 감마방출체(high-energy gamma emitter)로서 폐에 즉시 흡수되어 혈류로 들어간다. 화학적으로 비활성이지만 매우 지용성이 높은 불활성기체들은 고환과 난소에 인접한 복부 지방과 넓적다리 상단에 위치하는 경향이 있으며, 그 결과 원자로 근처 주민들의 난자와 정자 안에서 심각한 돌연변이를 유발할 수 있다.[27]

불활성기체인 제논과 크립톤에 피폭된 결과에 대한 역학적인 연구는 수행된 바가 전혀 없다.[28] 이런 기체들은 원자로 근처에 널리 방출되기 때문에 방사선 생물학의 연구에 있어서 공백지대이다. 그러나 방출해도 처벌받지 않는 무책임한 관행은 계속되고 있다. 불활성기체가 붕괴하여 만드는 여러 가지 더 위험한 동위원소(그들 모두 인체에 다른 신진대사 경로들을 가지게 된다)들은 다음과 같다.[29]

- 크세논 137의 반감기는 3.9분이며 거의 즉각적으로 치명적인 세슘(cesium) 137로 전환되는데, 세슘 137은 반감기가 30년이다.
- 반감기가 33초인 크립톤 90은 반감기가 2.9분인 루비듐(rubidium) 90으로 붕괴하며, 다시 의학적으로 유독한 반감기 28년의 스트론튬(strontium) 90으로 전환한다.
- 크세논 135는 세슘 135로 붕괴하는데, 세슘 135의 반감기는 믿을 수 없을 만큼 긴 300만 년이다.
- 많은 양의 크세논 133이 가동중인 원자로에서 방출되는데, 5.3일이라는 상대적으로 짧은 반감기를 가짐에도 불구하고 106일 동안 방사능을 띤 채 남아 있다.
- 크립톤 85는 10.4년의 반감기를 가지며 강력한 감마선을 방출한다.
- 아르곤 39는 265년의 반감기를 가진다.

다른 위험한 불활성기체들은 크세논 141, 143과 144를 포함하는데, 이들 각각은 세륨(cerium) 141, 143, 그리고 144로 붕괴한다. 미국 방사선방호측정심의회(National Council on Radiation Protection) 보고서(60번 항목)에 따르면 이 세 가지 세륨 동위원소는 베타선을 방출하고, 핵분열 반응에서 다양한 산물을 남기며 제법 긴 반감기를 가진다. 이 원소들은 먹이사슬 안에서 생물학적으로 축적되어 폐와 간, 뼈, 위장관에 방사선을 조사함으로써 그 기관들에서 잠재적 발암물질로 작용한다.[30]

일상적으로 원자력발전소로부터 공기와 폐수로 막대한 양이 방출되면서도 거의 논의의 대상이 되지 않는 중요한 동위원소가 삼중수소이다. 수소의 방사성 동위원소로서 한 개의 양성자와 두 개의 중성자로 구성되어 있는 삼중수소는 12.4년의 반감기를 가지며 248년간 방사능을 띠게 된다. 삼중수소는 산소와 즉각적으로 결합하여 삼중수소화된 물을 형성한다.

여과기를 통해 삼중수소 기체나 삼중수소화된 물을 제거하는 것은 불가능하기 때문에, 삼중수소는 원자로의 위치에 따라 계속해서 대기, 호수, 강 또는 바다로 방출된다. 적어도 매년 1360퀴리 삼중수소가 각 원자로에서 방출된다.[31] (1퀴리는 초당 370억 개의 원자들이 붕괴할 때 방출되는 방사선의 양이다.) 삼중수소 기체는 공항의 출구와 통로표시, 시계의 글자판 등으로 광범위하게 이용되는 흥미로운 방사성 물질로서, 매우 반응성이 높고 주변을 둘러싼 임의의 물질과 화학적으로 결합하려는 성향이 있다.

특히 삼중수소수(tritiated water)는 무시무시한 물질이다. 삼중수소수가 퍼져 있는 안개 낀 날 원자로 근처에 있으면, 그것은 우리의 피부를 통해 즉시 폐와 위장관으로 흡수된다. 삼중수소는 저에너지의 베타선을 방출하기 때문에 멀리까지 투과하지 못하므로 삼중수소가 발하는 모든 방사선은 주변의 세포에 즉시 흡수된다. 따라서 생물학적으로 돌연변이 발생률을 더욱 높인다.

삼중수소가 염색체의 손상과 이상을 유발하는 생물학적 영향에 대해서 많은 연구가 진행되었다. 예를 들어 동물실험에서는 삼중수소로 인해 피폭된 부모의 자손들이 고환과 난소의 수축을 보였고, 난소의 종양이 다섯 배나 증가된 것이 드러났다. 피폭된 자손의 뇌 무게가 감소하고, 어떤 동물들에게는 뇌종양 발생이 증가하면서 정신발육지체를 유발하기도 했다. 이러한 실험을 통해 성장을 멈춘 태아와 흉하게 변형된 태아 이외에도 출산 전후의 증가된 사망률이 관찰되었다. (이런 효과들은 놀랍게도 낮은 농도의 삼중수소에서 관찰된 것이다.)[32]

삼중수소 역시 음식물의 분자 안에 결합될 때 더 위험하다.[33] 삼중수소가 음식물의 분자 안에 결합되면 DNA를 포함한 신체 내 분자들로 들어간다. 오염된 음식에 만성적으로 노출되면 삼중수소의 10퍼센트가 신체와 유기적으로 결합되며, 21일에서 550일의 생물학적 반감기를 가지게 되는데, 이는 1년에서 25년까지 신체 안에 머문다는 것을 의미한다.[34]

이러한 삼중수소가 환경으로 방출되면 식물과 나무에 의해 흡수되어 부분적으로 생태계에 편입된다. 나무는 항상 수증기를 대기로 발산한다. 근처의 원자로로부터 삼중수소를 빨아들인 숲 속의 밤에 삼중수소의 농도가 더 높아진다는 것이 발견되었다.[35]

다시 원자로를 보자.

위에서 언급했듯이 핵연료봉의 누출로 인해 시간이 흐를수록 1차 냉각수는 극도의 방사능을 띠게 된다. 그럼에도 원자력 규제위원회는 연소시간을 연장하고 연료 내 방사선 수준을 실질적으로 증가시키면서, 원자로 운전자가 3년이 아니라 6년간 원자로 안에 우라늄 연료를 내장하는 것을 허용하고 있다. 또한 이전에 3.5퍼센트였던 연료 내 우라늄 농축농도의 승인 최대치를 4.5퍼센트로 허용하고 있다. 이런 정책은 핵연료봉 내의 방사능을 실제로 증가시킬 뿐만 아니라 노화된 원자로가 전기생산을 증가하도록 한다. 그 결과 수년간 강한 방사선에 노출되어 부서지고 깨지기 쉽게 된 파이프와 공학기술적 설비의 손상을 유발할 수 있다. 또한 지르코늄 연료 피복이 고준위 방사선에 노출되는 시간이 길수록, 방사선 수준이 높을수록 피복에 대한 손상과 방사성 물질이 연속해서 1차 냉각재 안에 누출되는 정도는 커진다.

중성자가 금속 파이프와 원자로 격납건물(reactor containment: 원자로 시설에서 방사성 물질이 주요 시설로부터 환경으로 발산되는 것을 방지하기 위한 한 수단으로 주요 시설을 격납하기 위한 밀폐성과 내압성이 높은 용기(실제로는 구조물)이며 이 구조물을 원자로 격납용기라 한다-옮긴이)에 충격을 가함에 따라 우라늄 핵분열의 결과물이 아닌 방사성 부식생성물노 생신나. 이런 원소들은 강력한 방사능을 가지고 있으며, 코발트 60과 철 55, 니켈 63, 방사성 망간, 니오브(niobium), 아연과 크롬을 포함한다. 이 물질들은 파이프에서 1차 냉각재로 유입되는데, 이를 공식적으로 크러드(CRUD)라고 부른다. 크러드는 방사능이 매우 높은 물질이기 때문에 크러드가 퇴적한 부근에서 유지보수하는 작업자와 검사자들은 매우 위험한 작업환경에 놓이게 된다.[36]

우려하는 과학자동맹의 원자력공학자 로춰바움은 원자로의 가동정지 동안 원자력 시설들이 때때로 고방사성의 크러드를 제거하기 위해 파이프들과 열교환기(heat exchanger) 등을 씻어내리지 않는다고 지적했다. 크러드의 일부는 방사성 폐기물 하치장으로 보내지만, 어떤 경우에는 원자로와 가장 가까운 강이나 호수, 바다로 배출된다.[37]

원자력산업계는 끊임없이 부정하지만 실제로는 전체적으로 매년 수백만 퀴리의 방사성 물질이 방출되고 있다. 기체와 액체 방사성 물질의 방출을 기록한 보고서들에 의하면, 우연적 방출과 정상치를 넘는 방출에 따라 매우 다양하게 나타난다. 코네티컷에 있는 밀스톤(Millstone) 원자력발전소는 1975년 297만 퀴리라는 두드러진 양의 불활성기체를 방출했고, 나인 마일 포인트(Nine Mile Point) 원자력발전소는 같은 해에 130만 퀴리를 방출했다. 1974년 미국의 모든 원자로가 방출한 전체량은 648만 퀴리였다. 그리고 1993년 상황을 보면 9만6600퀴리에서 21만4000퀴리로 방출량의 변동이 있었다.[38] 방출량은 장비 고장에 따라서도 다양하게 나타난다. 석탄화력발전소도 약간의 우라늄과 우라늄 딸핵종 생성물을 연기로 방출하지만, 원자력발전소에 비하면 매우 적은 방사선이다. 그리고 핵분열 생성물은 방출하지 않는다.

원자력시설에서는 또한 파이프의 균열을 통해 약 12갤런에 달하는 강력한 방사성 1차 냉각재가 증기발생기를 경유하여 2차 냉각재로 매일 방출된다. 그 가운데 일부는 증기가 대기로 빠져나갈 때 누출되지만 전혀 감지되지 않는다.[39] 어떤 것은 우연히 누출되는 반면, 약 4000갤런의 1차 냉각수(primary coolant water)는 매일 의도적으로 환경에 방출된다. 그럼에도 이러한 방출량은 심각하게 규제되지 않는다.[40]

방사성이 매우 높은 1차 냉각재 여과기는 발암성이 높은 플루토늄 238, 239, 241과 아메리슘(americium), 퀴륨(curium)을 포함하는데, 핵폐기물 시설로 수송되면서 이 물질들이 필연적으로 누출됨으로써 상수원과 먹이사슬을 오염시킨다. 여과기 안에는 다른 위험한 원소들도 있는데, 이들은 거의 확실하게 1차 냉각재에 있으며 작은 양의 기체 또는 액체 유출물이 생태계로 빠져나간다. 이는 21만 1100년의 반감기를 지닌 테크네튬(technetium) 99와 반감기 1570만 년의 요오드 129, 반감기 5700년인 탄소 14, 100.1년의 반감기를 지닌 니켈, 그리고 반감기 14.29년인 플루토늄 241이다. 이런 발암성 물질들은 먹이사슬 안에서 생물학적으로 축적되어 있다가 언젠가는 인간의 몸으로 들어가게 된다.[41]

그런데 방사선 방출에 대한 대다수의 자료가 실제 측정이 아니라는 점을 주목해야 한다. 즉 대부분의 자료는 단지 운행중인 원자로와 현장, 실험실 평가, 발전소의 특성을 고려한 계산으로부터 전산화된 수학적 모델을 추출하여 수행한 평가의 결과일 뿐이다. 따라서 원자력산업계는 방사성 물질 방출의 정확한 현황과 어떤 특정한 동위원소가 발전소로부터 누출되는지 등에 대한 근거를 가지고 있지 못하다. 대중의 감시감독에 유용한 최근의 문서는, 단지 어림짐작이 아니라 방사성 물질의 실제 방출을 수치로 정량화하여 1978년 미국 원자력규제위원회에서 발간했다. (이 문서는 원자로가 비교적 새 것이며, 부식과 유지보수 문제가 거의 없을 때 발간되었다.)[42]

방사성 폐기물

방사성 물질의 이 같은 일상적 방출 이외에 방사성 폐기물이라는 심각한 문제가 있다. 보통 1000메가와트의 원자력발전소는 매년 극도로 강력한 방사성 폐기물 30톤을 발생시킨다. 원자력발전소가 거의 50년간 운영되었는데도 원자력산업계는 이런 치명적인 물질의 안전한 처리방법을 아직도 결정하지 않았다. 이 물질들은 수만 년간 방사능을 띠게 되는데, 대부분의 핵폐기물은 원자로 부지 안의 '수영장'이라고 부르는 거대한 냉각수조나 원자로 가까이에 있는 건식 저장캐스크 안에 가둔다.

그러나 미국과 다른 국가들의 많은 원자력발전소에서는 오늘도 막대한 양의 재처리된 유독물질과 방사성 폐기물이 흙을 통해 대수층(aquifer: 지하수를 품은 다공질의 지층-옮긴이)과 강, 호수, 바다로 스며들고 있다. 이것은 식물과 어류, 동물, 그리고 인간의 먹이사슬 안에 유해물질들이 들어온다는 것을 의미한다.[43]

핵분열 과정에서 만들어지는 여러 방사성 물질 가운데 인간의 건강과 특정한 관계가 있는 원소들을 살펴보자. 간단하게 하기 위해 이러한 200개의 동위원소 중에서 네 개의 성질과 의학적 위험들을 살펴보고, 이러한 원소들의 누출로 인한 오염 사례들을 제시한다.

플루토늄

그리스신화의 지옥의 신인 플루토(Pluto)의 이름을 따서 명명한 플루토늄은 전형적인 알파 방출체(alpha emitter)이다. 발

견자인 글렌 시보그(Glen Seaborg)가 지구상에서 가장 위험한
물질이라고 말한 것처럼, 플루토늄은 너무 유독하고 발암성이
높아서 100만 분의 1그램 이하만 흡입해도 폐암을 유발할 정도
다. 플루토늄은 백혈구에 의해 폐로부터 위치가 이동되어 가슴
중앙에 있는 임파선에 축적되며, 백혈구 또는 림프구 내의 조절
유전자를 돌연변이시켜 림프종과 백혈병을 유발시킬 수도 있다.
또한 거기서 용해될 수도 있고, 철을 닮아서 철을 수송하는 단백
질인 트랜스페린(transferrin: 음식물의 철분을 간장, 비장, 골수에
보내는 혈장 속의 당단백질-옮긴이)과 결합할 수도 있으며, 적혈구
내 헤모글로빈 분자에 결합되어 골수로 취해질 수도 있다. 여기
서 알파입자(핵분열시 방사되는 입자의 하나. 헬륨 원자핵과 같
다)가 골세포(bone cell)에 방사선을 쬐어 뼈암을 유발하고, 골
수에서 만드는 백혈구의 경우에는 백혈병을 유발한다. 플루토늄
은 간에 저장되어 간암을 유발하며, 태반을 가로질러 성장하는
태아의 기형을 유발하는 물질이 되기도 한다.

또한 플루토늄은 전구세포(precursor cell)와 정모세포(sper-
matocyte) 근처에 있는 정자를 만드는 고환 안에도 저장된다. 여
기서 생식유전자에 돌연변이를 일으켜서 미래에 다가올 세대들
에게 유전 질환의 발생을 증가시킨다. 현재 지구 북반구에 사는
모든 남성은 상층 대기로부터 아직도 땅으로 떨어지고 있는 방사
능 낙진으로 인해 고환에 매우 적은 양의 플루토늄을 가지고 있
다. 이는 미국과 소비에트연방, 중국, 프랑스, 영국이 1950년대
와 1960년대에 수행한 핵무기실험으로 대기가 오염되었기 때문
이다.

플루토늄 239의 반감기는 2만4400년으로 50만 년간 방사능

을 띠게 된다. 플루토늄은 오랫동안 생식기관에 들어가 해를 입히고, 그것이 유발한 유전적 돌연변이는 연속하여 후대에 나타난다. 연관된 시간을 추산하자면 열성유전이 낭포성 섬유증 같은 특정 질환으로 발현되는 데는 20세대의 시간이 걸린다.

이미 언급했듯이 플루토늄은 발암성이 커서, 체르노빌 원전 사고로부터 방출된 0.5톤의 플루토늄이 모든 인간의 폐로 균등하게 들어간다면 이론적으로 1100배나 되는 폐암 발생으로 지구상의 모든 인류가 죽어갈 것이다.[44]

그레이프프루트(grapefruit: 귤과 비슷한 열매로 살이 부드럽고 즙이 많으며 한 가지에서 포도처럼 송이를 이루는 과일-옮긴이) 한 개 크기의 플루토늄 10파운드로 효과적인 원자폭탄 한 개를 만들 수 있는데, 그러한 플루토늄 수백 톤이 전 세계에 걸쳐 있다. 그 중 일부는 보안조치조차 제대로 되지 않은 채 보관되어 있고, 원자폭탄의 설계도는 인터넷에서도 쉽게 찾을 수 있다. 결국 지역 무기상점에서 구입한 기본적인 물질들로 원자폭탄을 실제로 만들 수도 있다. 플루토늄이 원자력의 부산물이라는 사실은 결국 원자력발전소를 소유한 국가들이 원자폭탄을 만들 수 있다는 것을 의미한다. 그러므로 원자력은 계속되고 있는 핵확산이라는 문제에 절대적으로 필요한 요소다.

미국은 전통적으로 민간 원자력발전소와 폭탄을 제조하기 위해 플루토늄을 생산하는 군수용 원자로의 분리를 엄격히 주장했다. 그 둘이 유사한 기계시설인데도 말이다. 그렇지만 최근에 분리의 명확한 선이 위반되었다. 핵무기의 필수부분인 삼중수소가 테네시 주에 있는 와츠바(Watts Barr) 원자력발전소에서 만들어지고 있기 때문이다.

요오드 131

　방사성 요오드 131은 반감기가 8일인 동위원소로 매우 높은 휘발성을 가지고 있다. 이는 일상적인 것이든 우연적인 것이든 간에 원자로에서 기체로서 방출된다는 것을 의미한다. 요오드 131은 베타 방출체이자 고에너지인 감마 방출체인 만큼 발암성이 매우 높다. 인간과 동물이 대기에서 이 오염물질에 노출될 경우 폐를 통해서 흡입하게 되며, 거기서 폐포(alveoli) 면이나 기낭(air sacs: 날아다니는 곤충의 체중을 가볍게 하기 위해 공기를 비축하는 큰 주머니―옮긴이)에 흡수되어 혈류로 들어간다. 또한 원자로 근처의 토양에 퇴적된 요오드 131이 목초와 식물의 잎에 흡수되면 농도가 열 배 이상 농축된다.

　방사성 물질을 가진 이 목초를 가축이 먹으면 요오드 131은 다시 우유에 농축된다. 방사성 요오드는 두 가지 방식으로 인체에 들어가는데, 이런 목초를 먹은 소의 우유를 마실 때 위장을 경유하거나, 방사성 기체가 원자로에서 대기에 배출될 때 폐를 경유한다. 요오드 131은 인간의 혈류 내에서 순환하고 목에 있는 갑상선에 의해 잘 흡수된다. 특히 어린이는 마치 스펀지처럼 혈액으로부터 요오드를 흡수하기 때문에 이 동위원소에 대해 더 큰 위험에 처하게 된다.

스트론튬 90

　스트론튬(strontium) 90은 매일 작은 양이 원자로에서 방출되는데, 대부분은 폐수로 방출되지만 때로는 공기형태로 방출되기도 한다. 당연한 일이지만 원자력발전소에서 사고가 발생할 경우에는 더 많은 양의 스트론튬 90이 방출된다. 스트론튬 90의 반감기는 28년이며, 600여 년간 방사능을 가지는 위험한 베타 및 감마 방출체이다. 또한 스트론튬 90은 칼슘 유사물로서 신체 내에서 칼슘을 흉내 낸다. 원자력발전소에서 방출된 스트론튬 90은 흙에 내려앉아 농도가 10배 이상에 이르도록 목초에 농축되고, 특히 소와 염소의 우유와 젖이 분비되는 여성의 가슴에 더 영향을 끼침으로써 수년 후에 폐암을 유발할 수 있다. 이렇게 오염된 모유나 우유를 먹는 아기는 스트론튬 90에 노출되며, 이 물질은 위장관으로 들어가 흡수되고 혈류 안으로 운반되어 치아와 뼈에 붙게 된다. 그 결과 수년 후에 뼈암이나 백혈병을 유발할 수 있다.

세슘 137

세슘 137은 30년의 반감기를 가진 동위원소로서 600여 년간 방사능을 띠게 되며, 칼륨 유사물로서 신체의 모든 세포에 존재한다. 동물의 근육과 살에 축적되는 경향이 있으며 인간의 근육에 쌓여 근육세포와 근처의 다른 기관들에 방사선을 조사한다. 세슘 137은 위험한 베타 및 고에너지 감마 방출체로서 매우 발암성이 높다. 1970년대와 1980년대에 롱아일랜드 브룩헤이븐국립연구소에 있는 노화된 원자로가 수년간 많은 양의 방사선을 방출했다.[45] 그 결과 1980년대에 원자로 근처에 사는 어린이들에게서 횡문근육종(rhabdomyosarcoma: 악성 종양의 일종-옮긴이)이라는 희귀 암이 나타났다. 악성인 이 근육암은 세슘 137에 노출되었을 경우 유발되는 것이었다.[45a]

우라늄 233을 발견한 존 고프먼(John Gofman) 박사는 99.9 퍼센트의 완벽한 세슘 격납용기를 가진 400여 개의 원자로가 25

년간 가동된다면 이 기간 동안 세슘의 누출량은 16개의 체르노빌 사고와 동등할 것이라고 주장했다.[46]

원자력 사고

원자력발전소에서는 가끔 크고 작은 양의 방사선이 비정상적으로 방출되는데, 원자력산업계는 이를 우발적 사고로 간주한다. 이러한 사고는 인간 또는 기계적 오류 때문에 일어나거나, 원자로를 조종하는 운전자가 방사성 기체들을 제거하기 위해 의도적으로 배기함으로써 발생하는데, 때로는 치명적인 결과를 가져오기도 한다.

예를 들면, 미국의 스리마일 아일랜드 원자로에서 원자로용해가 발생했고, 러시아의 체르노빌 원자력발전소에서 대량의 에너지가 분출했다. 이 두 경우 모두 인간의 실수나 오류에 의해 유발된 것이있다. 현재 전 세계에 있는 원자로들은 점점 노화되고 있고, 고방사선 피폭으로 인해 금속이 약화되면서 서서히 수명을 다하고 있기 때문에 가까운 미래에 또 다른 원자로용해가 발생할 확률이 매우 높다.

실제로 미국의 큰 원자력발전소에서는 여러 번의 위기 상황이 있었는데, 1975년 앨라배마 주 브라운즈 페리(Browns Ferry) 원자로에서도 위험한 사고가 발생했다. 공기유출을 점검하기 위해 양초를 이용하다가 밀봉제로 사용된 연소성이 높은 폴리우레탄폼에 불이 붙었다. 불은 순식간에 원자로와 비상노심냉각장치(Emergency Core Cooling System: 원자로 안의 물이 감소하거나 파이프류가 파손되어 급속히 냉각수가 없어지게 되는 돌발 사고에 대비해 설치한 긴급시의 안전장치-옮긴이)의 작동 관련 조절케이블들을 둘러싸고 있는 플라스틱과 케이블 분배실 등으로 번졌다.

결국 그 불은 많은 케이블을 끊어놓고 제어계통과 비상노심 냉각장치 대부분을 무력화시키면서 7시간 반 동안 발전소의 중심부에서 맹위를 떨쳤다. 특히 전기·제어기기를 이용할 수 없게 됨에 따라 일시적으로 노심냉각이 불충분해지는 등 극히 심각한 상태가 되었지만 운전원의 적절한 대응조치에 의해 큰 사고에 이르지는 않았다. 노심냉각계통의 기기가 동시에 이용 불가능하게 된 이 화재로 기기의 물리적 분리 및 격리에 관한 설계기준을 재검토할 필요성 등이 인식되었다.[47] 보다 최근에는 2001년 12월 데이비스-베시(Davis-Besse) 원자력발전소에서 사고가 발생했다. 이 사고에 대해서는 다음 장에서 설명할 것이다.

스리마일 아일랜드 사고

스리마일 아일랜드 원자력발전소에서 사고가 나기 전에 원자력산업계는 원자로용해 발생의 가능성은 사람이 주차장에서 번갯불에 맞을 확률과 같다고 말하곤 했다.

1979년 3월 28일 오전 4시에 원자력산업계가 말하는 그 번개가 치고 말았다. 펜실베이니아에 있는 스리마일 아일랜드 원자력발전소의 원자로용해는 기계적 고장과 2차 냉각계통에서 주급수펌프의 자동 작동정지가 어떤 밸브를 닫아 1차 냉각계통에서 방사성 노심을 냉각하는 물이 과열되었을 때 방아쇠가 당겨졌다. 거기에 비상냉각장치가 작동했는데도 운전원이 이에 적절하게 대처하지 못하는 등 실수가 겹쳐 결국 우라늄 100톤의 원자로 노심이 과열되어 녹게 되었다. 사고 후 방사능이 높은 냉각수가 밸브를 통해 격납용기 내로 유출되었다. 이 물은 격납용기 수조로 들어가 수조 펌프에 의해 보조건물로 이송되었고, 그 보조건물에서 막대한 양의 방사성 기체가 유출 밸브를 통해 외부 대기로 배출되었다.

그날의 따스한 날씨는 이 기체를 낮은 바람과 상층의 차가운 대기와 혼합시켰다. 낮은 바람과 차가운 상층 대기의 질량이 따스한 공기의 상승을 막아서 방사성 물질이 특정지역에 머물도록 하는 이상적인 조건을 만든 것이다.[48]

우리는 그 사고로 스리마일 아일랜드 원전에서 많은 양의 방사능이 누출되었다는 것을 알고 있다. 그러나 원자력산업계와 정부는 특정 동위원소들의 방출량을 조사하지 않았고,[49] 오늘날까지도 방출된 방사선의 종류와 실제량이 어떠한지 등에 대한 유용한 정보를 내놓지 않고 있다. 모든 방사선이 누출된 보조건물에 있는 감마방사선 감지기는 그 정도로 높은 방사선 농도를 측정하도록 설계된 것이 아니었다.[50] 그래서 사고 초기부터 경보가 울렸고 비상사태는 여러 날 지속되었다. 방사선 방출의 유일한 측정은 감마선 감지기인 열형광 선량계(Thermoluminescence Dosimeter: 방사선이 조사된 결정성 물질을 가열했을 때 생기는 형광을 이용한 선량계-옮긴이)로부터 얻은 자료들에 근거하여 이루어졌다. 감지기는 원자로를 둘러싼 울타리 안의 적재더미로부터 수백 피트 위에 위치해 있었는데, 20개의 열형광 선량계(그러나 이들은 베타선이 아닌 오직 감마선만을 측정한다) 중에서 단지 두 개만이 뜨겁게 지나가는 기체 구름 근처에 있었다. 결국 두 개의 측정치를 읽음으로써 수천 명이 받은 방사선량을 판단하는

것은 불가능한 일이었다.[51]

　　대부분의 방사성 플룸(Plume: 보통 대기 중으로 방출되는 연기의 흐름을 플룸이라고 하는데, 원자력시설의 안전평가에서는 굴뚝에서 대기로 방출되는 방사성 물질의 연기를 플룸이라 한다—옮긴이)은 이 감지기 위의 대기로 날아올랐을 것이고, 그래서 단지 가스플룸 안에 있는 방사선의 작은 증가분만이 측정 가능했을 것이다. 불활성기체는 원자로용해 시작 후 8일이 지난 4월 5일까지도 측정되지 않았고, 알파선이나 베타선은 지금까지도 측정되지 않았다. 스리마일 아일랜드 누출사고 결과 방사성 물질은 먼 거리까지도 방출되었다. 예를 들어 크세논 133은 1979년 3월 말과 4월 초에 원자로에서 375킬로미터 떨어진 뉴욕 올버니에서도 측정되었다.[52]

　　결과적으로 방사선 방출과 방사선량 산정은 극히 부적절한 자료를 이용하여 산출되었다. 원자력산업계는 방사성 요오드의 경우 13에서 17퀴리(1퀴리는 초당 370억 개의 알파 입자들 또는 베타 입자들의 붕괴와 동일한 방사선의 양)가 방출되었고, 불활성기체인 크립톤과 크세논, 아르곤의 경우 240만에서 1300만 퀴리가 방출되었다고 보고했다.[53] 그러나 원자력의 규정을 감시감독하는 미 정부가 임명한 인물이자 전 미국 원자력규제위원회 의장인 조셉 헨드리(Joseph Hendrie)는 당시 다음과 같이 말했다. "우리는 거의 완전히 장님인 상태에서 시설운전을 하고 있다. 주지사인 손버그의 정보는 모호하고 나는 관련 정보를 가지고 있지 않다. 우리는 마치 의사결정을 둘러싸고 비틀거리는 두 명의 맹인과 같다."[54]

　　스리마일 아일랜드 근처의 동물을 대상으로 한 방사성 요오드 시험을 근거로 전문가들은 원자력산업계가 누출사고의 피해를 축소하고 있다고 주장했다. 또한 칼 모건(Karl Morgan) 박사는 1982년 3월 24일, 불활성기체 4500만 퀴리와 방사성 요오드 6만4000퀴리가 방출되었고, 주민들이 갑상선에 받은 방사선량이 원자력규제위원회 산정치의 100배였다고 보고했다.[55] 모건 박사는 '보건물리학의 아버지'라고 알려진 매우 존경받는 보건물리학자였다.

방사선과 연관된 질병 전문가인 칼 존슨(Carl Johnson) 박사는 연료가 녹았기 때문에 플루토늄과 스트론튬, 아메리슘을 포함한 다른 많은 원소들이 거의 확실하게 원자로 노심에서 흘러나왔을 것이라고 평가했다. 그가 사고 후 스리마일 아일랜드 근처의 먼지 내에서 이런 원소들을 찾기 위한 조사를 위해 원자력규제위원회와 미국 에너지부에 자료를 요구했을 때 그들은 이를 거부했다.[56]

사고 후 3일 동안 고준위 방사능을 띤 물 17만2000입방피트가 원자력규제위원회의 허가 없이 서스쿼해나 상으로 흘러들어갔다고 알려져 있다. 이는 원자력산업의 역사에서 전례 없는 사건이었다. 서스쿼해나 강은 주요 어획장소인 체스피크만으로 흘러나가는데[57] 이 물에 함유된 장수명의 위험한 동위원소들은 수 주 또는 수개월, 수년에 걸쳐 물고기와 가재, 게에게 생물학적으로 축적될 것이다. 스리마일 아일랜드 사고의 많은 측면들이 알려지지 않았기 때문에 대중은 이런 위험에 대해 알지 못한다.

1980년 6월에는 손상된 원자로에서 의도적으로 많은 양의 방사성 크립톤 85를 배기해 더 많은 사람들이 방사능 오염에 노출되었다.[58] 그리고 1990년 11월에는 삼중수소를 포함하는 방사성 물 230만 갤런이 역시 손상된 원자로 구조물에서 의도적으로 기화되었다. 이로써 근처의 많은 사람들이 위험한 방사성 원소에 노출되었다.[59]

스리마일 아일랜드 사고의 처음 이틀 동안 발전소 5마일 이내에 사는 사람들의 5~6퍼센트 정도가 피난하면서 극심한 혼란이 계속되었다. 사고 이틀 후인 3월 30일 리처드 손버그(Richard Thornburgh) 주지사는 5마일 이내의 임신부와 어린이들의 피난을 명령했다.[60] 14만4000명의 사람들이 짐을 싸서 피난하느라 고속도로가 옴짝달싹 할 수 없었다. 아기들은 담요로 싸고 어린이들은 목도리로 얼굴을 둘러감아 방사선에 대한 노출을 최소화했으며, 임신부들은 완전히 공황상태에 빠져 있었다.[61] 사고 일주일 후 나는 고등학교 체육관에 모인 수천 명의 주민들에게 방사선의 영향을 설명하고자 펜실베이니아의 해리스버그에 있었다. 그때 그 지역의 물리학자가 자활병원에 부모님을 남겨두고 가족과 함께 피난했다는 보고가 내게 들어왔다.

수백 명의 지역 주민들은 다양한 병리 증상과 증후들을 보였는데, 이는 그로부터 약 10년 후 체르노빌 근처 프리페트라는 지역의 주민들에 의해 보고된 증상들과 유사한 것이었다. 체르노빌은 또 다른 원자로용해가 발생하여, 스리마일 아일랜드보다 훨씬 더 큰 방사선 누출사고가 있었던 곳이다.[62] 그들은 구역질과 구토, 설사, 코피, 입안에서 느껴지는 금속성의 맛, 탈모, 붉은 피부발진 등의 증상을 보이고 있었다. 이러한 증상과 증후는 전형적인 급성방사선 질병으로 고준위 노출인 100라드(rad: 방사선량의 일종인 흡수선량을 나타내는 단위―옮긴이) 정도의 방사선량에 노출될 때 나타나는 것이었다. 이 방사선량이 머리카락과

소화기관, 혈액과 같이 활발하게 분열되는 신체세포를 죽임으로써 위와 같은 증상을 야기했다. 스리마일 아일랜드 근처의 주민들은 농장의 가축과 애완동물들의 죽음도 보고하고 있다.[63]

당시 펜실베이니아 보건위원이었던 고든 맥러드(Gordon Mcleod) 박사는 갑상선 기능부전증을 가진 신생아의 수가 사고 전 9개월 동안 아홉 건에서 사고 후 9개월 내에 20건으로 증가했다고 보고했다. 이는 사고로 흘러나온 다량의 요오드 131에 갑상선이 영향을 받았기 때문이었다. 특히 맥러드 박사는 신생아나 어린이들이 요오드 131에 노출되었을 경우 체르노빌에서 방사선에 노출된 사람들처럼 갑상선암이 진행되겠지만, 그 상황을 역학적으로 조사하지 않는다면 이런 환자들은 확인되지 않을 것이라는 점을 지적했다. 맥러드는 취임 6개월 만에 주지사인 리처드 손버그에게 해고되었다.[64]

1979년 4월 6일자 미국식품의약국(FDA: Food and Drug Administration) 보고서는 1979년 4월 4일 스리마일 아일랜드 원자로 주변 지역의 많은 농장들에서 수집한 우유의 분석결과를 싣고 있다. 표본 중 15개는 요오드 131이 증가된 농도를 보였고, 12개는 세슘 137이 증가된 농도를 보였다. 농장들은 그 지역의 사방에 위치해 있었다.[65] 이는 방사성 플룸이 사고 당일부터 7일 후까지 360도로 움직였다는 것을 뜻한다. 우유를 검사한 농부들의 농장은 원자로에서 북쪽으로 150마일부터 남쪽으로 9마일, 서쪽으로 15마일부터 동쪽으로 13마일까지 다양하게 분포해 있었다. 허쉬 초콜릿 공장은 스리마일 아일랜드에서 13마일 떨어진 미국의 가장 부유한 낙농업 지역에 있었는데, 사고 당시 펜실베이니아로부터 우유를 공급받고 있었다.

허쉬의 품질보증 관리자인 크로웰(C. J. Crowell)이 4월 11일 허쉬 과학기술부의 크룩(W. J. Crook)에게 보낸 문서 가운데 이런 진술이 있다. 그들은 발전소 근방 5마일 이내 지역의 우유를 계속 검사했는데 "사고 발생 후 하루이틀 동안은 어떤 방사선도 검출되지 않았다." 이는 원자로 5마일 너머의 농장들에서 사고 후 일주일까지 방사선이 발견되었다는 FDA 보고서와 일치하지 않는 것으로 나타난다.[66]

그렇지만 허쉬의 비밀 기록은 4월 2일부터 4월 20일까지, 당시 평균적으로 분말로 전환된 609만500파운드의 우유 대신 1227만 파운드의 우유가 분말로 만들어졌다고 진술한다. 우유가 분말로 만들어질 때 방사성 요오드가 붕괴하기 전까지는 사용 가능한 형태로 보존되어 문제가 없는 듯이 보인다. 그렇지만 이 기술은 600년간 방사능이 지속되는 세슘 137과 오염된 우유 안에 있는 다른 장수명 방사성 동위원소들을 제거하거나 방지하지 않는다. 그런데도 그들은 이 문서에서 '사고 후 하루이틀이 지난 이후에도' 이 우유에서 방사선이 검출되지 않았다고 반복한다.

그러나 1979년 3월 30일 우유에 대한 또 다른 연구가 펜실베이니아주립대학 공과대에 의해 수행되었다. 필레이(K. K. S. Pillay)가 허쉬의 생산물 연구 부서장인 칼 웡(Carl. Y. Wong) 박사에게 보낸 이 연구결과는 다음과 같은 사실들을 밝히고 있다. 원자로에서 12~15마일에 걸쳐 위치한 농장의 우유에서 리터당 3000피코퀴리(picocurie: 방사능의 단위로 1조 분의 1퀴리—옮긴이)가 검출되었으며, 7마일 떨어진 농장 우유에서는 리터당 3500피코퀴리, 16마일 떨어진 농장 우유에서는 리터당 4000피코퀴리, 확인되지 않은 농장에서는 리터당 6000피코퀴리와 8500~2만

1500피코퀴리가 검출되었다는 것이다.[67] 한 살 된 아이가 리터당 2만1300피코퀴리가 함유된 우유를 마시면, 갑상선에 0.3렘 정도의 방사선량을 받을 것이며 이는 수년 후 갑상선암을 일으킬 수 있다. 오염된 우유를 1리터 이상 마시면 방사선량은 그에 따라 증가할 것이다.

4월 8일판 《해리스버그 선데이 패트리어트 뉴스*Harrisburg Sunday Patriot News*》에서 펜실베이니아 환경자원부 방사선보건센터 책임자인 토머스 저루스키(Thomas Gerusky)는 "만약 우리가 1000피코퀴리를 발견한다면 조치를 취해야 할 것입니다"라고 했다. 결국 펜실베이니아주립대학의 측정치는 조치가 취해졌어야 한다는 것을 지적한다.[68] 문제는 펜실베이니아 환경자원부가 우유에서 검출된 고준위 방사선에 대한 결과를 통지받았는가의 여부다. 만약 펜실베이니아 환경자원부가 이를 알고 있었다면 그들은 왜 아무 조치도 취하지 않았을까?

사고 당일은 초봄이었기 때문에 소들은 목초지로 나갔다. 그러나 3월 29일 그들은 들판에서 아직 오염되지 않은 신선한 목초를 먹게 되었다. 그러므로 소들은 위장을 통해 방사선에 노출되지 않았다. 방사선은 분명히 오염된 대기로부터 흡수되어 그들의 폐로 들어갔을 것이다. 소가 오염되면 인간 역시 오염이 된다. 그런데 그들은 소를 대상으로 오염을 검사하면서 인간에 대한 오염 정도는 왜 검사하지 않았는가?

방사성 요오드와 세슘 137이 흘러나오면 스트론튬 90과 플루토늄, 아메리슘 등 극단적으로 위험한 여러 가지의 장수명 물질들도 역시 흘러나온다. 실제로 이러한 물질이 수집되어 분석된다면 허쉬 초콜릿에 공급될 우유를 생산하는 소가 목초를 먹는 땅에서 이런 원소들의 측정치는 어떠할까? 왜 이런 자료는 공개된 적이 없었을까?

그후에 이상하게도 방사능과 이 사고의 의학적 결과들에 대한 연구는 급격히 줄어들고, 사람들의 증상을 스트레스와 관련시키는 연구들이 지나치게 많아졌다. 콜롬비아대학 조사자들로부터 두 개의 의학 논문이 발표되었는데, 이는 방사선 피폭과 비호지킨 림프종, 폐암, 다른 결합된 모든 암들과 어린이 백혈병 사이의 긍정적인 연관성을 보고하였다. 하지만 이런 결과들은 통계학적으로 주목할 만하지 않다. 왜냐하면 그 연구팀은 정부와 원자력산업계에 의해 인위적으로 축소된 방사선 피폭량을 사용해 총 54개라는 소수의 사례만을 관찰했기 때문이다. 콜롬비아 연구팀은 방사선량이 너무 작아서 그들이 발견한 증상과 방사선 피폭은 관련이 없다고 결론지었다. 심지어 그들은 증가된 발암률이 스트레스에 의해 유발되었다고 주장하기도 했다.[69]

그렇지만 스티브 윙(Steve Wing)과 다른 이들이 수행한 또 다른 연구는 사고시 방사선량 산정치와 콜롬비아 연구그룹에 의해 보고된 암발생 증가 사이의 연관성을 발견했다.[70] 그들은 콜롬비아 연구팀과 같은 방사선량 산정치를 사용했지만, 콜롬비아 연구팀처럼 사람들이 피폭된 절대적인 방사선 수준이 자연방사선 수준 이하라는 가정은 하지 않았다.

원자력산업계가 설립하고 자금을 제공한 TMI 공중보건기금은 재물손상에 대한 민원을 처리하기도 했는데, 공식적인 건강보건연구들을 위해 돈을 지불하였다. 하지만 어느 단계에서도 원자력산업계는 사고로 충격을 받았다고 믿는 시민들과 협의하거나 그 증거를 수집하지 않았다.[71] 이런 사람들은 문제가 공식

화될 때 배제되었다. 즉 그들은 연구를 기획하고 해석하고 분석하는 데 참여가 배제되었고, 그 결과에 대해서도 알지 못했다. 신체적 상해뿐만 아니라 모욕까지 받았기 때문에 자신의 체험과 물리적 증상에 대해 용기 있게 증언한 사람들은 종종 비웃음의 대상이 되었다.[72]

스리마일 아일랜드 원전사태는 결국 법정에서 종결되었고, 그때 대략 2000여 명의 거주민들이 원자로용해로부터 누출된 방사성 물질이 원자력산업계와 정부관료들이 공식적으로 공포한 것보다 훨씬 더 큰 규모라고 주장했다. 하지만 여러 번의 소송기각과 항소 후에 원고들은 더 이상 이 법적 분쟁을 지속할 여력이 없으므로 합의에 동의했다.[73]

저명한 유행병 학자로 원고들을 대변한 스티브 윙 박사는 그 사태에서, 원자력산업계의 이미지와 배상책임의 문제가 자료의 정확성과 진상 파악보다 더 소중해 보였다고 밝혔다. 윙 박사는 무책임한 산업체들로부터 손해를 입은 사람들은 연구를 수행하기 위하여 전문가나 자금을 가질 수 없기 때문에 역사적으로 산업계, 정부 측과 공동체 측 사이의 논쟁은 항상 불공평하였음을 지적했다.[74]

놀랍게도 사고 후 얼마 되지 않은 1981년에서 1985년 사이에 방사능에 피폭된 주민들에게서 이미 암이 발견되었다.[75] 그러나 그 이후 더 이상의 역학적인 연구가 수행되지 않았다. 암의 잠복기가 2년에서 6년이며, 장수명 동위원소인 스트론튬 90과 세슘 137 및 그 외 다른 원소들이 그 사고 동안 거의 확실하게 누출되었는데도 말이다.

방사선에 피폭된 스리마일 아일랜드 주민들에 대한 더 심도 있는 연구들은 여전히 필수적이고 중요하다. 관련된 선례를 보면, 수년간 과학자들은 1950년대와 1960년대에 있었던 미국의 지상 핵무기실험들의 방사능 낙진이 건강에 어떤 영향도 주지 않았다고 주장했다. 하지만 1997년 국립암연구소(National Cancer Institute)는 21만2000명의 미국인들이 핵무기실험들로부터 누출된 방사성 요오드로 인해 갑상선암에 걸렸거나 앞으로 암이 진행될 것이라고 밝혔다.[76] 그러나 이런 연구조차도 정확한 것이 아니었다. 국립암연구소는 지상 핵실험으로 흘러나온 스트론튬 90과 세슘 137, 플루토늄 같은 다른 많은 방사성 원소들로 유발되었을 다른 유형의 암들에 대해서는 평가하지 않았기 때문이다.

1991년 보건물리학자 칼 모건 박사는 현장기록들을 회고하며 다음과 같이 썼다. 보건물리학은 "전리방사선(ionizing radiation)에 대한 피폭으로부터 방사선 현장 근로자들과 대중을 보호하기 위한 과학이자 전문 직업을 취지로 삼는다. 이런 목적에 어느 정도 부합했으나 지난 10여 년간은 퇴행하여 미국에서 보건물리학은 방사선 누출로 야기된 배상책임으로부터 우선적으로 원자력산업계를 보호하기 위한 조직이 되고 말았다."[77]

스리마일 아일랜드에는 두 개의 원자로가 있었다. 하나는 아직도 전기를 생산하며 가동 중이고, 손상된 원자로는 용해된 노심이 철거되었다. 용해 후 파편이 된 핵연료봉을 청소하고 정화하는 데만 11년이 걸렸는데, 이 핵연료봉은 몹시 뜨겁고 방사능이 강했다. 이 물질들의 99퍼센트는 트럭에 실려 워싱턴 주에 있는 핸퍼드 인디언보호구역과 아이다호폴스에 있는 아이다호국립공학연구소로 운송되었다. 이 원자로 건물 자체는 위험한 방사능을 띠고 있으며, 시설을 운전한 지 40년이 된 원자로 건물보

다 더 강한 방사능을 띤다.[78]

1992년 스리마일 아일랜드의 소유주인 제너럴 퍼블릭 유틸리티(General Public Utilities Corp.)에 대항하여 에릭 엡스타인(Eric Epstein)이 소송을 시작했고, 그 결과 스리마일 아일랜드 주변에 최첨단 감지체계가 수립되었다. 스스로 끊임없이 감지하는 감마감지 설비가 스리마일 아일랜드의 3마일 이내 16군데에 배치되어 있다. 이 감지체계는 2003년에서 2005년까지 다섯 개의 최첨단 방사선 감지기가 부가적으로 설비되어 강화되었으며, 펜실베이니아주립대학의 중앙감지체계로 정보를 보낸다. 하지만 방사선에 피폭된 주민들을 대상으로 보다 심화된 암 연구는 수행되지 않았다.[79] 2002년 국립암연구소와 연방정부 질병통제방지센터(Centers for Disease Control and Prevention)가 발행한 보고서에 의하면, 펜실베이니아가 미국에서 일곱번째로 높은 암 발생률을 기록하고 있는데도 말이다.[80]

1985년 2월 스리마일 아일랜드의 소유주인 제너럴 퍼블릭 유틸리티와 메트로폴리탄 에디슨(Metropolitan Edison Co.)을 대변하는 보험회사에 의해, 390만 달러가 보상을 요구하는 환자들에게 조정되어 지급되었다. 청구자들은 배상책임 청구를 더 이상 제기하지 않으며, 지급된 보상금과 교환하여 이룬 합의를 다시 거론하지 않기로 동의했다.[81]

체르노빌 원전사고

체르노빌 원전사고 이전에 원자력산업계는 원자력발전소에서 사고가 발생하더라도 원자로 노심의 방사성 원소 가운데 극히 적은 양만이 격납건물로부터 환경으로 흘러나올 것이라고 가정했다. 그렇지만 1986년 4월 26일 체르노빌 원자력발전소 4호기가 폭발하였을 때 치명적인 방사성 핵분열 생성물(radioactive fission product)의 거의 모든 내용물이 환경으로 유출되었다.[82] 이 의학적 대참사는 러시아와 벨로루시, 우크라이나, 그리고 유럽에 오랫동안 계속되는 고통을 주었다.

그럼에도 2005년 국제원자력기구(IAEA: International Atomic Energy Agency)가 작성한 체르노빌에 대한 유엔 보고서는 그 사고로 46명만이 사망했다고 했다. IAEA는 방사선이 건강에 미치는 결과를 감시하는 데 있어서 이해관계에 얽혀 순수하게 직무를 수행할 수 없었다. 1959년 IAEA는 세계보건기구(WHO: World Health Organization)와 불합리한 약정을 체결하기도 했다. 그 약정은 WHO가 원자력의 군사적·민간적 이용이 건강에 미치는 효과를 연구하는 것을 방지하고, 심지어 WHO가 방사선에 노출된 사람들에게 경고하는 것도 억제하고 있다. 전 바젤대학 교수로 WHO와 함께 일했던 마이클 퍼넥스(Michael Fernex) 박사는 2004년 다음과 같이 말했다.

"6년 전 우리는 협의를 가지려고 노력했지만 그 회의록은 결코 출판되지 않았다. 이는 WHO가 이 문제에 있어서 IAEA의 하위에 있기 때문이다. ……1986년 이후 WHO는 체르노빌을 연구하는 어떤 활동도 하지 않았다. 그것은 유감이다. WHO 회의에 대한 출판 금지는 IAEA에 의한 것으로, IAEA는 회의록의 유출을 봉쇄했다. 왜냐하면 체르노빌의 진실은 원자력산업계에 재앙이 될 것이기 때문이다."[83]

결국 원자력산업계에 닥칠 재앙을 방지하기 위해 그들은 진정한 재앙의 크기를 의도적으로 은폐하고 있다. 다음은 체르노

빌 사고에 대해 오늘날 우리가 알고 있는 의학적이며 생태학적인
결과의 일부이다.

· 발전소의 정화작업과 해체작업에 관련된 65만 명 가운데
5000명에서 1만 명이 때 이른 죽음을 맞이한 것으로 알려
져 있다.[84]

· 우크라이나와 벨로루시의 거대한 곡창지대가 심하게 오염
되었고, 수천 년간 오염된 상태로 남아 있을 것이다. 구체
적으로 보면 벨로루시 면적의 20퍼센트, 우크라이나의 8
퍼센트, 그리고 러시아의 0.5퍼센트에서 1퍼센트까지 도
합 10만 평방마일이 오염되었다. 이 지역은 켄터키 주 전
체, 또는 스코틀랜드와 아일랜드를 합친 면적과 동일한 크
기로, 500만 명이 이 지역들에 살고 있으며 그중 100만 명
이 방사선에 민감한 어린이들이다. 이미 주민들의 암발생
률이 증가하고 있지만, 이 사고로 야기된 유전적 이상과
유전적 질환의 다수는 여러 세대를 거치는 동안 나타날 것
이며, 오늘날의 우리에게는 그 현상들이 눈에 보이지 않을
것이다.

· 방사능 낙진이 오스트리아와 불가리아, 체코슬로바키아,
핀란드, 프랑스, 동독과 서독, 헝가리, 이탈리아, 노르웨
이, 폴란드, 루마니아, 스웨덴, 스위스, 터키, 영국, 발트
해 연안 국가들과 유고슬라비아에 걸쳐서 나타났다. 캐나
다와 미국, 그리고 북반구의 여러 나라들에서도 방사능 낙
진의 작은 양이 발견되었다.[85] 세슘 137과 스트론튬 90,
플루토늄 239 같은 다른 동위원소들은 긴 반감기를 가지

기 때문에 방사선이 비에 포함되어 지구로 떨어질 때 오염된 방사능 지역에 따라 유럽 내 식물 중 일부는 수백 년간 방사능을 띠게 된다.

· 영국은 사고 후 28년 동안, 체르노빌 원자로에서 1500마일 떨어진 지역에 걸쳐 22만6500마리의 양을 보유하는 382개 농가의 도축을 엄격하게 제한한다. 고기 속에 있는 세슘 137의 농도가 너무 높기 때문이다. 양들이 고기로 팔리기 위해서는 세슘 농도가 감소하도록 방사능이 덜한 다른 목초지로 이동되어야 한다.[86] 그 사이에도 영국 사람들은 고기 속에 있는 낮은 수준의 세슘을 여전히 먹고 있다.

· 독일 남부의 토양에는 매우 높은 수준의 세슘이 함유되어 있어서 사냥꾼들은 오염된 동물들을 잡을 경우 보상을 받는다. 그리고 많은 버섯과 딸기류의 열매들은 아직도 너무나 방사능이 높아서 먹을 수 없다.[87]

· 프랑스 정부는 처음에 방사능 낙진이 정확하게 프랑스 국경선에서 멈추었다고 발표했다. 하지만 최근의 기록들은 정부가 프랑스 내 방사능이 체르노빌 사고 시점에서 모든 안전기준을 훨씬 초과했음을 알고 있었다고 폭로한다.[88] 다른 유럽 국가들은 야채와 유제품의 유효기간이 7,8개월을 넘어서는 안 되고, 어린이들은 사고시점 이후 얼마 동안 밖에서 놀지 말아야 한다고 지시했다. 그런데도 프랑스 정부는 프랑스가 영향을 받았다는 것을 부정한 것이다. 지금도 프랑스의 일부 지역에서만 세슘 137이 벨로루시와 우크라이나, 러시아의 극도로 오염된 지역들처럼 높다고 인정할 뿐이다. 요리와 버섯, 그리고 야생 수퇘지를 즐기

는 프랑스는 주로 세슘 137의 형태로서 매우 높은 농도의 오염을 보이고 있다.[89] 프랑스에 58개의 원자로가 있고, 원자력으로 전기의 80퍼센트를 생산한다는 사실이 아마도 정부의 은폐와 연관되어 있을 것이다.[90]

스칸디나비아의 순록들도 체르노빌 원자로용해 이후에 세슘으로 오염되었다. 북극권에 내리는 방사능 낙진을 통해 북극권의 이끼가 세슘을 열심히 흡수했기 때문이다. (나는 사고 이후에 스웨덴을 방문했으며 어리석게도 순록고기를 먹었다.) 바이에른에서는 사람들에게 숲에서 나는 버섯을 먹지 말라고 경고한다. 그 숲들이 방사선, 특히 세슘 137을 매우 효율적으로 농축하기 때문이다.

갑상선암은 유년기에 거의 발생하지 않기 때문에 소아과 현장에서 수년간 보내면서도 나는 갑상선암에 걸린 어린이를 본 적이 없다. 그런데 체르노빌과 가까운 벨로루시에서는 1986년부터 2001년까지 8358건의 갑상선암 사례가 발생했다. 그중 716건이 어린이였고, 342건은 청소년, 7300건이 성인의 경우였다.[91] 체르노빌 사고 이후의 상황은 소아과 역사에서 전례가 없는 의학적 비상사태이다. 대부분의 사람들은 외과수술로 갑상선을 제거해야 했다. 그러나 갑상선에서 분비되는 호르몬 없이는 생존할 수 없기 때문에 수술을 받은 어린이와 어른들은 여생을 위해서 매일 갑상선 대체 알약에 의존해야 한다. 전쟁과 같은 재앙적인 상황이 약 공급을 방해하거나 지연시키면 그들은 죽게 될 것이다.

체르노빌 원전사고는 우크라이나와 벨로루시, 러시아라는

가장 오염된 지역에 거주하는 40만 명의 일상생활에 큰 충격을 주었다. 사고 이후 그들은 집과 과거, 친구들, 그리고 공동체를 영원히 등져야 했다. 많은 이들이 다른 지역으로 강제 이주되었다. (그 지역도 그들이 비운 집과 정원처럼 방사능을 띠고 있다는 것을 종종 발견하게 된다.) 그들은 이제 그들 자신과 그들의 자녀들이 영원히 오염되었고, 암이 진행되거나 심한 불구를 지닌 미래의 아이들이 생길 수 있다는 불안과 함께 살아간다.[92]

이 장에서 제공하는 자료들이 증명하듯이, 유럽의 많은 지역에서는 아직도 많은 식품들이 타 지역보다 더 많은 방사능을 지니고 있다. 그럼에도 이런 가공할 만한 문제는 대중매체나 일상생활의 대화에서 거의 언급되지 않는다. 사람들은 무감각하게 그저 모든 일이 잘 되리라고 생각하며 살아가고, 원자력산업계는 그 생성물이 깨끗하고 친환경적이라는 신화를 계속해서 홍보한다.

2004년 유엔 인도적 문제 조정실(United Nations Office for the Coordination of Human Affairs)은 슬픈 추도문을 발표했는데, 그것은 마치 전쟁 희생자를 추모해 만들어진 문장 같았다.

18년 전 오늘 벨로루시와 우크라이나, 러시아에 있는 거의 840만 명의 사람들이 방사선에 피폭되었다. 이탈리아 면적의 절반에 달하는 15만 평방킬로미터가 오염되었다. 덴마크 전체 면적보다 더 큰 거의 5만2000평방킬로미터의 농업지역도 황폐해졌다. 거의 40만 명의 사람들이 다른 곳에 정착했으나 수백만 명은 여전히 여러 가지 부작용을 일으키는 잔류 피폭이 계속되는 환경에서 살아가고 있다.

지금 대략 600만 명의 사람들이 영향을 받은 지역들에서 살고 있다. 그 지역의 경제는 침체되었고, 직접적으로 영향을 받은 위의 세 나라는 체르노빌 재앙의 사라지지 않는 피해들에 대처하느라 수십억 달러를 소비하고 있다. 만성적인 질병이 특히 어린이들 사이에 만연하고 있다.[93]

사고 후 18년이 지났지만 벨로루시와 우크라이나, 러시아와 유럽 일부지역의 토양 상층부에는 세슘 137의 70퍼센트에서 90퍼센트, 스트론튬의 40퍼센트에서 60퍼센트, 플루토늄과 그것의 알파 방출체 계열원소들의 95퍼센트까지가 남아 있다.

2001년 유엔개발계획(UND)과 유엔아동기금(UNICEF) 특별 사찰단은 다음과 같이 요약한다.

영향을 받은 지역주민들의 건강과 복지는 일반적으로 매우 열악하다. ……벨로루시와 러시아, 우크라이나 주민들의 평균 예상수명은, 세계에서 20번째로 가난하고 긴 진쟁 중에 있는 스리랑카보다 10년 정도 짧다. ……심장혈관계 질환과 외상(사고들과 중독들)이 가장 흔한 사망 원인이며 암이 그 뒤를 잇는다(이 상황은 체르노빌의 영향을 받은 지역들에 한정되지 않는다). ……이 지역주민들의 건강에 관한 상황은, 방사선이 유발하는 질환으로부터 풍토병과 빈곤, 빈약한 생활 조건들, 낙후된 의료 서비스, 부족한 식품과 두렵지만 무력하게 수용해야 하는 상황에서 발생하는 심리적 혼란의 복잡한 산물이다.[94]

결국 핵의 재앙으로 인한 극도의 혼란과 두려움, 불안이 다른 질병들을 야기하고 악화시킨다.

스웨덴에서는 최근 체르노빌의 결과로 1996년까지 849건의 암이 증가했다는 연구가 보고되었다.[95] 이것은 체르노빌 원전사고의 결과에 대한 러시아와 우크라이나, 벨로루시 외부에서의 첫번째 연구이다. 아마도 더 많은 연구가 계속될 것이다. 왜냐하면 10년은 암의 배양을 위해서는 상대적으로 짧은 시간이며, 다른 나라들도 영향을 받은 자국 국민들을 연구해야 하기 때문이다. 현재 프랑스에서는 체르노빌의 방사능 낙진과 관련될 수 있는 갑상선암이 증가하고 있다는 주장이 부상하고 있다.[96]

이 이야기의 최종적인 결말이 치명적으로 두려운 상황이 되지 않기를 바란다. 체르노빌 사고 이후 손상된 원자로에 20톤 분량의 원자로용해 산물과 방사성 먼지를 덮도록 서둘러 만들어졌던 방사선 석관(石棺)이 부서지고 금이 가는 중이며, 앞으로 수년간 고스란히 유지될 것으로 보이지가 않는다.[97] 만약 석관이 붕괴된다면 엄청난 양의 방사선이 또다시 우크라이나와 벨로루시, 러시아 및 유럽의 일부를 바람의 방향에 따라 가로지르며 휩쓸고 다닐 것이다.

체르노빌 사고는 아직 끝나지 않았다.

4.
사고 또는 테러에 의한 원자로용해

원자력발전소는 원자로용해가 발생할 수 있는 많은 사고 위험에 노출되어 있다. 그것은 인간의 실수와 기계적 오류, 기후변화 및 지구온난화, 지진으로부터의 충격들, 그리고 우리가 알고 있는 테러리스트의 공격을 의미한다.

기계적 오류와 인간의 실수

오하이오 주 톨레도 동남부 21마일에 있는 데이비스-베시 원자로에서 최근 실수로 발생한 사고는 며칠 또는 몇 주 동안 파국을 유발했다. 사고가 발생하기 전 원자로 운영자인 퍼스트 에너지(First Energy)는 비용절감을 위해 원자력규제위원회를 설득하여 중대한 안전 구성요소의 검사를 2001년 12월 31일인 마감일을 넘기도록 연기했다.[1]

2002년 2월 원자로가 연료교체를 위해 정지되었을 때 검사자들은 움푹 파인 위험스런 구멍을 발견했다. 6.5인치의 원자로 압력용기 헤드에 붙은 탄소강 6인치가 부식된 것이다. 원자로 격납건물로부터 압력을 받은 내부의 방사성 환경을 격리하기 위한 원자로의 스테인리스강 라이너는 0.5인치 이하였다. 이 스테인리스강 라이너는 외부로 돌출해 있었으나 다행히 파열되지 않았다.

어떻게 이런 구멍이 생겼는가? 붕소를 포함하는 원자로 냉각수는 제어봉 구동장치 근처의 균열들과 플랜지(flange: 관과 관, 관과 다른 기계 부분을 결합할 때 쓰는 부품-옮긴이)들을 통해 풀려나와 탄소강 원자로 헤드의 외부 표면을 흠뻑 적시고 결정화된다. 붕산(boric acid)은 매우 부식성이 높기 때문에 시간이 지남에 따라 붕산이 탄소강을 부식시켰고 $4 \times 5 \times 6$인치에 이르는 구멍을 하나 만들었다. 그 결과 얇은 스테인리스강의 넓은 표면적이 탄소강 아래의 극히 높은 압력을 지탱해야 했다.

이 탄소강이 파열되었다면 원자로 냉각수는 고압의 분출물로서 거의 확실하게 방출되었을 것이다. 이런 강력한 분출은 그 위에 위치한 원자로 안전설비들을 즉각적으로 손상시키고, 이미 균열이 생긴 제어봉을 부수기에 충분한 충격파를 만든다. 이들은 미사일처럼 분출되고 원자로 아래 폐쇄되어 있는 제어봉들을 포함한 안전설비들에 혼란을 불러일으키며, 단계적으로 연결되어 일어나는 사건들로 인해 마침내 원자로가 용해되었을 것이다.[2]

그러나 이것이 그 이야기의 끝이 아니다. 이후에 데이비스-베시 원자력발전소 운영자는 부식된 구멍이 발견되었을 때 많은 양의 부스러기가 격납건물 내에서 발견되었다고 원자력규제위원회에 통지했다. 이는 어쩌면 비상 집수조 흡입스크린(emergency sump intake screen)을 차단했을 것이고, 냉각재 상실사고가 날 경우에 집수조는 동작 불능의 상태가 되었을 것이다. 이는 비상노심냉각장치와 격납건물 살수계통의 작동 불능을 유발했을 것이다. 왜냐하면 두 장치 모두 재순환단계 동안 비상 집수조 흡입이 필요하기 때문이다. 그래서 정확히 비상노심냉각장치가 필요할 때 여과기는 원자로용해가 일어날 경우 흘러나가는 방사성 요오드를 제거해야 하기 때문에 비상노심냉각장치는 작동 불능이었을 것이다.[3]

데이비스-베시 원자력발전소가 가동을 계속하도록 허용한 결정에 관계되었던 원자력규제위원회 고위 관리자는 위원회가 활동에 제약을 받고 있다고 느꼈다. 그는 다음과 같이 말했다. "우리는 이 문제를 거론할 수 있다. 그러나 원자력규제위원회는 원자력발전소를 가동중지시키는 경솔한 행동을 하지 않는다. 가동중시를 정당화하는 충분한 증거가 없기 때문이다. ……다시 같은 상황에 처한다 해도 동일한 결정을 할 것이다." 그 결정은 2월 16일까지 발전소가 가동되도록 했다.[4]

데이비스-베시 비상사태는 원자력산업계가 매년 직면하는 많은 사고들 중 하나다. 통계적으로 볼 때 우연한 원자로용해는 전 세계 33개국에 위치한 438개의 원자력발전소 가운데 하나에서 거의 확실하게 일어나게 된다.[5] 더욱이 원자력에너지를 관리하는 인간이 실수와 타협, 게으름, 탐욕에 빠질 경우 그 결과는 파멸적일 수밖에 없다.

노화된 원자로들

원자로들이 40년의 수명으로 설계되었음에도 현재 원자력규제위원회는 산업계의 압력에 따라 원래 40년으로 허가된 원자력발전소의 가동을 20년 더 연장하도록 승인하고 있다.[6] 그러나 '우려하는 과학자동맹'의 원자력공학자 로취바움은 원자력발전소가 인체와 같다고 지적한다. 즉 원자력발전소는 유년기와 청소년기에는 사람처럼 많은 문제를 야기하고, 중년 초반에는 상대적으로 느슨하게 작동하는 등 나이에 따라 스트레스의 징후와 명백한 병리현상이 나타나기 시작한다.[7]

현재 미국의 모든 원자력발전소는 노년기 상황에서 가동되고 있으며, 일촉즉발의 위기가 가중되고 있다. 2000년 3월 7일부터 2001년 4월 2일까지 13개월 동안, 여덟 개의 원자력발전소가 기계적 노화와 관련된 잠재적으로 심각한 장비고장 때문에 가동을 정지해야 했다. 평균적으로 60일마다 한 번의 가동정지가 있었지만 원자력규제위원회 노화관리 프로그램은 장비고장을 막는 데 실패하고 있다.[8]

캘리포니아 남부 오코니(Oconee) 발전소 3호기의 경우도 그러한 사례들 가운데 하나다. 2001년 2월 19일 두 개의 제어봉 구동장치 분사구 근처에 있는 원자로 용기의 헤드 외부 표면에서 붕산이 발견되었다. 심층조사를 통해 원주 모양의 균열들을 발견했는데, 원자로 용기 헤드에 분사구가 부착된 용접 지점 위로 원자로 용기 헤드 벽을 통해 갈라진 것이었다.

2002년 1월 9일에는 일리노이 쿼드시티(Quad Cities) 발전소 1호기에서 운전원들이 원자로 용기 내부의 분사펌프들 중 하

나가 고장 난 것을 발견하고 원자로의 가동을 중지시켰다. 심층
조사를 통해 분사펌프를 위한 꺾쇠 빔이 부러져서 조각들이 재순
환 펌프 20의 임펠러를 손상시켰다는 사실을 발견했다.

2000년 10월 7일 사우스캐롤라이나 섬머(Summer) 원자력
발전소의 작업자들은 격납건물 바닥에서 붕산을 발견했고, 이어
서 원자로 고온관에서 균열을 찾아냈다. 이 부분은 1993년에도
점검을 했으나 파이프 용접 부분과 검사 감지기 사이의 공간적
틈이 측정상 노이즈를 만들어 그 균열을 알 수 없었다.

그리고 2000년 2월 15일에는 뉴욕 주 맨해튼 중심부에서 35
마일 떨어진 인디언포인트 원자력발전소 2호기의 증기발생기가
심하게 방사능을 띠는 1만9197갤런의 물을 1차 냉각재로부터
대기로 방출했다.[9] 그 발전소의 운영자는 1997년 증기발생기 검
사 동안에 성능 저하의 징후를 탐지했으나 그 문제에 대해 어떤
조치도 취하지 않았다.[10]

'우려하는 과학자동맹'은 이런 사례들이 현재 노화관리 프
로그램의 다음과 같은 두 가지 기본적인 결함을 예시한다고 시적
한다.

· 적절한 검사기술을 가지고 틀린 지점을 보는 것(오코니와
  쿼드시티 발전소)
· 틀린 검사기술을 가지고 맞는 해당 지점을 보는 것(섬머
  와 인디언포인트 발전소)[11]

문제들이 스스로 드러나기 전에 노화관리 프로그램들이 이를
발견해야 하는데도 프로그램은 적절하게 가동되지 못하고 있다.

원자로의 증기발생기 세관이 균열과 파손을 많이 겪게 되면, 금속의 피로와 노화에 관련된 심각한 문제들이 증기발생기 내에서 발생한다. 증기발생기 세관은 가압수형 원자로(Pressurized Water Reactor: 저농축 우라늄을 사용하며 감속재와 냉각재로 물을 사용하는 원자로-옮긴이)에서 1차 냉각재와 2차 냉각재 사이에 있는 방벽(barrier)의 50퍼센트 이상을 구성하기 때문에 매우 중요하다. 그리고 증기발생기나 핵분열 생성물이 환경으로 들어가는 것을 방지하는 임의의 장치 위에 격납용기가 없다. 가장 중요한 것은 파열이 일어날 경우 증기발생기로부터 1차 냉각재가 유출되어 1차 냉각재가 심각하게 고갈됨으로써 원자로용해가 발생할 수 있다는 점이다.[12] 그러나 지난 10년간 원자력규제위원회는 이러한 문제를 알면서도 수천 개의 균열된 증기발생기 세관을 가진 많은 원자력발전소들의 가동을 허용했다.[13]

원자력규제위원회는 또한 발전소 운영자들이 비상 설비들을 법이 요구하는 것보다 낮은 빈도로 점검하고, 성능이 저하된 장비들을 가동하도록 허용하고 있다. 더 나아가 원자력발전소들에 대한 위험평가 연구들을 일반에게 알려야 하지만 이를 전혀 이행하지 않고 있다. 로취바움은 이 "기관은 계속해서 실상에 무지한 수백만 미국인들의 삶에 막대한 영향을 끼치는 법적 결정을 내리고 있다"고 말한다.[14]

노화된 발전소가 앞으로 20여 년간 안전하게 작동할 수 있을지는 모르는 일이다. 그러므로 로취바움이 지적하듯이 "너무 늦기 전에 고장이나 파손들이 발견되도록 보증하는 강력한 노화관리 프로그램이 모든 원자로들에게 적용될 필요가 있다." 그는 노화 원자로들의 문제를 예방하는 최선책은 "원자력산업계가 발전

소의 안전을 진지하게 지속시키겠다는 것을 증명할 때까지 원자
력규제위원회가 발전소 허가의 갱신을 보류하는 일일 것이다.
실제로 발전소 운영자들은 계속해서 느슨한 노화관리 프로그램
을 따를 것이며, 원자력규제위원회가 더 강한 기준들을 부과하
지 않으면 고장이나 파손이 일어날 때까지 별다른 조치를 취하지
않을 것이다"라고 지적한다. 새 원자로를 건설하는 데 막대한 자
금이 들어가는 반면, 기존 원자로들은 상대적으로 유지비용이 적
기 때문에 그만큼 운영자들에게 돌아가는 이익이 크다.[15] 따라서
로취바움은 운영자들이 노화된 발전소들을 자발적으로 폐기할
경제적인 동기가 전혀 없음을 강조한다.[16]

지구온난화

2003년 8월 프랑스는 매우 심한 열파(heat wave: 여름철에
간헐적으로 며칠 또는 몇 주 동안 계속되는 이상고온현상-옮긴이)로
인해 1만4000명이 사망했다. 사망자 중 대부분은 에어컨이 없는
아파트에 사는 노인들이었다. 뜨거운 기후와 강수량 부족은 차
가운 강물의 공급을 크게 감소시켰다. 강의 수위가 떨어지자 프
랑스 전력공사(Electricite de France)는 저수조에 의해 공급되는
스프링클러로 발전소 외부에 물을 뿌리는 원자력발전소 냉각방
식을 이용했다.[17] 원자로는 정상온도보다 더 높은 온도에서 가동
하고 있었기 때문에 발전소들이 강으로 2차 냉각수를 배출하자
그 온도로 인해 수생생물들이 죽고 말았다.[18]
지구온난화는 여러 가지 이유로 핵에너지에 대하여 매우 심

각한 충격을 주게 된다.

- 지구온난화는 예측하지 못할 만큼 극단적인 기후를 발생시킬 수 있는데, 그 결과 원자력발전소들이 냉각수를 얻는 강물과 호수의 온도를 높일 수 있다. 만약 가뭄이 심해지면 적절한 물의 공급 자체가 정지될 수도 있다.

- 원자력발전소들은 원자력 규정들이 지구온난화 현상을 인식할 필요가 없었던 30년 또는 40년 전에 설계되었다. 그리고 현재 규정들은 위험을 최소로 간주하는 경향이 있다. 예를 들면 원자력규제위원회 대변인인 스콧 버넬(Scott Burnell)은 "지구온난화는 느린 속도로 발생하므로 정책 수준과 대립되는 조작 및 운전 수준의 어떤 변화들이라도 우리는 해결할 수 있다. 따라서 새로운 원자력발전소 지침들은 불필요하다"고 말한다.[19]

- 원자로에서 나오는 매우 뜨거운 물의 분출은 이미 지구온난화로 스트레스를 느끼고 있는 수생생물을 더 위험한 상황으로 만든다. 예를 들어 연어에 치명적인 수온이 5,6년간 지속되면 어떤 지역에서는 연어가 사라질 수도 있다.

- 온도가 상승함에 따라 더 많은 냉방기들을 가동하게 되므로 전기의 수요가 급속히 증가한다. 이는 더 많은 열, 더 많은 에어컨들, 더 많은 전기, 더 많은 이산화탄소 생성물, 그리고 더 많은 원자력발전소들과 그로 인해 환경에 부과되는 더 많은 압력이라는 악순환을 만든다.

쓰나미와 지진

전 세계에 있는 많은 원자력발전소들이 냉각수를 원활하게 얻기 위해 바닷가에 위치해 있기 때문에 쓰나미(tsunami: 해저에서의 급격한 지각변동으로 발생하는 파장이 긴 해일을 말하며 해소 또는 지진해일이라고도 한다-옮긴이)의 영향에 대해서도 민감하다. 2004년에는 인도에 있는 원자로가 쓰나미의 공격을 받았다. 다행히 위험한 사고는 없었지만 어느 정도는 손상을 입었다. 2004년 12월에 태국 연안에서 발원한 쓰나미의 높이는 98피트였다. 해수면에서 불과 12피트 위에 있는 캘리포니아의 훔볼트만 원자로는 지금은 폐쇄되었지만 높은 방사능을 지닌 많은 연료들을 여전히 가지고 있다.

캘리포니아에 있는 디아블로 캐년(Diabola Canyon)과 샌 오노프레(San Onofre) 원자력발전소는 모두 쓰나미 피해를 입기 쉬운 곳이다. 더욱이 이곳은 지진 단층(earthquake fault)에 인접해 있기노 하다. 물론 원사로들은 강한 지진들에 건딜 수 있도록 설계되었지만, 예기치 않은 강한 지진으로 큰 사고를 유발할 수도 있다. 이는 지진 단층들이 방사형으로 갈라진 일본과 지진 성향이 있는 많은 국가들의 수많은 원자로들도 마찬가지다. 훔볼트만 원자로를 운영하는 퍼시픽 가스 앤 일렉트릭(Pacific Gas & Electric)은 지진으로 인한 대형사고의 위험 때문에 발전소를 폐쇄하기로 결정했다.[20]

테러리스트

9·11위원회 보고서는 알카에다(Al-Qaeda)가 원자력발전소 공격계획을 고려했다고 공개했다. 그럼에도 위원회는 원자력발전소 근처의 영공은 '제한'되어 있기 때문에 충돌 직전 비행기들이 격추되었을 것이라는 잘못된 믿음으로 어차피 그 시나리오는 불가능한 것이었다고 주장했다.[21]

하지만 그들은 틀렸다. 오늘날 원자로 주위의 비행금지 구역은 표준적인 기준에서 존재하지 않으며, 다만 위협이 높아진 시기에만 적용된다. 지대공미사일 역시 원자력발전소 근처에 배치되어 있지 않다. (그런 많은 미사일들은 9·11 이후 워싱턴DC 근처에 배치되어 있다.[22] 분명히 정치가들은 수백만의 사람들보다 자신의 삶을 보호하는 것이 더 중요하다고 결정을 내린 것이다. 수백만의 사람들은 테러리스트가 유발한 원자로용해 사고 후에 고통스럽게 죽어갈 것이다.)

영국정부의 컨설팅 엔지니어인 존 라지(John Large)는 《글로벌 헬스 워치 _Global Health Watch_》의 기사에서 "원자력발전소들은 하늘로부터의 테러리스트 공격에 대해 거의 무방비 상태다"라고 밝혔다. 왜냐하면 원자로들은 오늘날 일상적으로 이용되는 커다란 비행기들이 드물던 50년 전쯤에 설계되고 건설되었기 때문이다.[23] 연료를 가득 적재하고 매우 빠른 속도로 비행하던 여객기가 추락할 경우 대량의 가연성 연료가 원자력발전소의 취약지역에 쏟아질 수 있다. 그 결과 원자로를 용해시킬 수 있을 만큼 엄청난 손상이 결국 대량의 방사선 방출로 이어질 수 있다.[24]

원자력규제위원회는 대다수의 원자로들에게 비행기나 보트의 공격을 견딜 수 있도록 요구하지 않는다.[25] 더욱이 원하면 원자력발전소의 설계도는 공개적으로도 얼마든지 얻을 수 있다고 라지는 지적한다.[26] 또한 그는 그러한 공격으로부터 원자로를 보호할 수 있는 실제적인 조치가 취해지지 않고 있다고 말한다.[27] 원자력발전소의 취약점들이 굳건한 콘크리트 기초 안에 수직으로 된 일련의 강철빔들로 보호될 수 있을 것이라고 주장하는 사람들이 있다. 고강도의 케이블과 전선, 그리고 그물망들의 망상조직이 보호 차폐망을 형성하기 위하여 수직 빔들과 연결되어 있다. 이런 빔 기둥은 공격하는 비행기의 속력을 떨어뜨리도록 작용할 것이며, 비행기를 더 작은 조각들로 붕괴시키고 제트연료를 분산시킴으로써 취약한 격납용기와 사용후핵연료 저장수조, 그 밖의 없어서는 안 될 설비들을 보호할 것이다. 원자력규제위원회는 그러한 임의의 보호조치를 이행해야 한다.[28]

원자로는 비상시 디젤 발전기에 의한 외부 전기공급으로 안전하게 작동하는데, 이들 또한 테러리스트의 공격에 민감하다. 마찬가지로 바다나 강, 호수 근처로부터 냉각수를 흡입하는 상황은 테러에 취약하다.[29]

보안

《타임》지는 최근 9 · 11 이후의 원자력발전소에 적합한 보안 정도를 시험했다. 민간공항들의 보안이 크게 개선된 것과 달리 원자력발전소의 보안은 결국 달라진 것이 없다. 원자력발전소의 시설들이 대량 학살에 효과적인 무기들로서 테러리스트들에게 매력적인 표적인데도 말이다. 사실 테러리스트들은 굳이 대량 살상무기가 필요하지 않다. 편리하게도 그런 무기들(즉 발전소들)이 전략적으로 중요한 전 세계의 인구밀집지역 가까이에 배치되어 있기 때문이다.

《타임》지는 다음과 같은 공격 시나리오를 게재했다.

아마도 테러의 첫번째 징후는 원자로 외부에서 암흑을 가로질러 지나가는 쏜살같은 그림자들뿐일 것이다. 담을 넘은 검은 복장의 저격병들의 목표물은 그 장소를 둥글게 에워싸고 있는 감시탑 꼭대기의 경비들이다. 경비원들은 자조적으로 그런 높은 장소들을 강철관(iron coffin)이라고 부르는데, 그들은 과연 방탄 울타리가 안전할 것인지 의심한다. 그런데 테러리스트들이 구하기 쉽지만 치명적인 0.50구경 저격용 소총을 사용한다면 실제로 그 장소들은 시체들을 담는 철관이 될 것이다.

테러리스트들은 빗장을 절단하는 장비와 폭약통(Bangalore torpedoes: 금속관에 화약을 채운 것으로 철조망, 지뢰 등을 폭파—옮긴이), 그리고 파이프 모양의 폭발물들을 사용해 담장을 뚫고 지나갈 것이다. 이런 폭발물들은 거의 100년 전에 영국인에 의해 인도에서 개발된 것들이다. 테러리스트들은 제2차 세계대전 중에 발전된 플래터 차지(platter charge)라는 통제된 폭발물을 이용해 외벽을 폭파시키고 통로를 만들어 발전소 심장부로 접근한다. 그들은 레이저 감지기와 발전소의 카메라의 작동을 교란시키는 적외선 장비들과 경비병들 사이의 대화를 무력하게 하는 전자 방해전파 발신기를 이용할 것이다. 아마도 그들은 발전소 내부에서 일하는 동료가 은밀히 제공한 지도를 통해 이미 제어반과 방어 장소들을 파악했을 것이다.[30]

일단 발전소 내부에서 제어실로 접근하면 한두 개의 잘 알고 있는 스위치들을 쉽게 움직여서 펌프들을 닫고, 냉각재를 치명적으로 손상시킬 수 있는 중요한 밸브들을 작동시킬 수 있다. 그것은 억지스럽게 들릴 수 있으나 원자력공학자인 로취바움이 말하듯이 "일단 마지막 스위치가 움직이면 돌이킬 수 없는 것이다."[31]

위의 시나리오 중 많은 부분은 원자력발전소 경비를 위한 미국 에너지부 훈련용 비디오로부터 차용한 것이다. 원자력 안전 전문가인 폴 블랑쉬(Paul Blanch)가 기술하듯이 "제어실 내부에 정통한 테러리스트는 상당히 짧은 시간에 원자로용해를 유발할 수 있다."[32]

원자력규제위원회는 원자력발전소 안전체계들이 대비해야 할 최대 위협을 추정히는 시나리오인 설게기준위협(Design Basis Threat)에서, 원자력발전소의 내부자 한 명이 최대 세 명의 외부인 공격에 대항해 보호될 필요가 있다고 항상 주장했다. 그들은 공격자들이 단일한 팀으로 행동할 것이며, 자동소총으로만 무장될 것이라고 가정했다. 하지만 9·11 이후에 원자력규제위원회는 경비들이 여덟 명의 공격자까지 방어할 수 있어야 한다고 요구한다. 그러나 9·11테러 당시 고도로 조직화된 19명의 사람이 공격을 했다.[33]

원자력발전소 경비원들은 흔히 저하된 사기와 불충분한 훈련, 초과 노동시간으로 인한 극도의 피로 및 열악한 임금을 불평

한다. 그들은 일주일에 거의 72시간을 일해야 하기 때문에 때때로 근무중에 취침을 하기도 한다.[34] 빈약한 보상과 경영진으로부터 받는 일상적인 대우를 생각할 때 그들은 결코 원자로를 구하기 위해 죽을 준비가 되어 있지 않다.[35]

원자력규제위원회는 원자로의 취약한 보안 상태를 다음과 같이 변호한다. 9·11테러 조직 같은 큰 세력이 국가의 적으로 등장하자 이제 원자력발전소의 보호는 펜타곤과 연방정부의 일이 되었다. (이들 중 어느 누구도 비상사태 시 제시간에 원자로로 갈 사람들이 절대 아니다.)[36]

미국 원자로 중 절반을 경비하기로 계약한 거대 보안회사 와켄허트(Wackenhut Corporation)는 원자로들의 보안도 검사하기로 한 회사다. 각각의 발전소들은 법에 의해 3년에 한 번은 점검해야 하기 때문에 와켄허트는 평균적으로 1개월에 두 번 실제와 같은 공격 테스트를 수행해야 한다. 2003년 와켄허트 '공격자들'은 와켄허트 경비병들에게 훈련의 상세한 내용을 몰래 알려주었다.[37] 매사추세츠에 있는 필그림 원자력발전소에서 와켄허트 피고용인이었던 캐시 데이비슨(Kathy Davidson)은 보안검사가 발전소들에 부적절하다고 불평했다가 해고되고 말았다. 데이비슨은 후에 《타임》지를 통해 와켄허트의 경비원들이 테러리스트들을 방어할 수 있다고 증명하기 위해 수행한 29개 교실훈련 가운데 공격자들이 28개 교실에서 승리했다고 말했다.[38]

'우려하는 과학자동맹'의 물리학자 에드윈 라이먼(Edwin Lyman)에 따르면, 테러리스트가 유발하는 원자로용해는 50만 명 이상을 죽일 수 있다. 그러나 원자력산업계의 연구협회인 원자력에너지협회 마빈 퍼텔(Marvin Fertel)은 그런 공격으로는 단지 100명 정도의 사람이 죽게 될 것이며, 테러리스트가 이런 목적을 달성할 확률은 "너무나 터무니없이 낮기 때문에 신뢰할 수 없다"고 계속하여 주장한다.[39]

미 하원 정부개혁위원회의 국가안보 및 국제관계 소위원회 의장인 크리스토퍼 쉐이즈(Christopher Shays) 의원은 원자력규제위원회의 설계기준위협이 경제적 압력 때문에 인위적으로 낮게 예측되었으며, 얼마나 철저한 보안이 필요한가가 아니라 경제적 한도 내에서 얼마만큼 보안서비스를 구매할 수 있느냐로 문제의 본질이 전도되었음을 지적한다. 어떤 원자력 보안 관료들은 설계기준위협을 '재정기준위협(funding basis threat)' 이라고 부르기도 한다.[40]

미국 국립과학아카데미의 최근 연구는 미국 전역 64개 발전소에 저장된 4만3600톤의 사용후핵연료에 대한 테러리스트의 위협에 대해 미국 원자력발전소의 보안이 긴급하게 강화되어야 한다고 결론을 내렸다.[41]

원자로용해

뉴욕 대도시 근처의 원자로용해

미국에서 원자력발전소의 대재앙은 어떠할 것인가?

맨해튼에서 35마일 떨어진 웨스트체스터 카운티 뷰캐넌에 위치한 두 개의 큰 인디언포인트 원자로들을 고려해보자.[42] 인디언포인트 2호기는 971메가와트 원자로이며, 인디언포인트 3호기는 984메가와트 원자로이다. 두 곳의 발전소는 엔터지 뉴클리어(Entergy Nuclear)가 관리하고 있는데, 이곳의 원자로들은 노화되고 있으며 인구가 매우 밀집해 있다. 30만5000명 이상이 이 발전소들의 10마일 반경 내에 살고 있고, 1700만 명이 50마일 내에 살고 있다. 또한 이 발전소들은 900만 명의 사람 및 세계 금융도시에 급수하는 저수조 시설과 근접하여 있다.

자연재해 이외에, 몇 사람의 테러리스트에 의해 유발될 수 있는 인디언포인트 원자로용해는 여러 가지 방식 중 한 가지만으로도 충분히 가능하다. 예를 들어 자살 테러리스트들은 쉽게 원자로의 외부 전기공급을 정지시킬 수 있다. 또는 티모시 맥베이(Timothy McVeigh: 1995년 168명의 목숨을 앗아간 오클라호마 연방 건물 폭파범-옮긴이)처럼 작고 빠른 보트에 화학폭발물을 적재하고, 두 개의 인접한 흡입 파이프들을 목표로 습격할 수 있다. 이 흡입 파이프들은 분당 거의 200만 갤런의 허드슨 강물을 원자로 안으로 빨아들인다. 발전소는 즉시 가동이 중지되겠지만 원자로는 이미 과열되어 문제를 일으키게 된다. 결국 7,8시간 내에 원자로용해는 최고조에 달할 것이다. (7,8년 전에 나는 반핵단체 리버키퍼(Riverkeeper)가 소유한 보트를 타고, 두 개의 인디언포인트 원자로들의 거대한 흡입 파이프들 반대쪽 허드슨 강 위에 떠 있었다. 연안경비원들이 테러리스트의 침입에 대비해 그 파이프들을 보호하도록 되어 있었지만, 우리가 파이프들이 바라보이는 곳에 있던 이른 오후 2시간 동안 연안경비정은 흔적도 없었다.)

아니면 한 명의 테러리스트가 유사한 폭발물들을 트럭에 가득 채우고 발전소의 중요 지역으로 몰고 들어가서 위기 상황을 만들 수도 있다. 여러 곳의 원자력발전소에 콘크리트 장벽들이 세워졌지만, 이미 언급한 것처럼 그곳은 소수의 경비원들이 테러리스트의 침입에 대비하고 있을 뿐이다. 오크리지국립연구소와 미국 국방위협감소국에 의해 작성되어 2004년 기술 분야 정기간행물에도 실렸고 인터넷에서도 볼 수 있는 한 논문은, 다양한 크기의 트럭폭탄들이 100퍼센트의 성공확률을 가질 것이라고 지적한다.[43]

또는 기본적인 비행 교습을 마친 초보 조종사가 연료를 채운 커다란 여객기를 납치해 원자로 안으로 들어가서 중요한 안전체계들을 파괴하거나 원자로에서 냉각수를 제거할 수 있다. 이밖에도 파괴를 결심한 개인이 원자력발전소 조작자로서 교육을 받고 인디언포인트에 위장취업을 한 뒤 중요한 순간에 잘못된 스위치와 밸브를 눌러 냉각수를 제거함으로써 내부에서의 원자로용해를 개시할 수 있다.

원자로용해는 여러 가지 특정한 단계들을 따른다.

먼저 냉각수가 원자로 노심에서 유출되거나 흩어짐에 따라 핵연료봉 내에 있는 뜨거운 방사성 펠릿들이 과열되어 부피가 팽창하면 지르코늄 피복이 산화되어 파열된다. 핵연료봉의 지르코늄 피복 바로 아래에 있는 틈으로 모인 휘발성 있는 방사성 동위원소들은 기체로서 격납건물의 대기 안으로 풀려난다. 이런 원소들은 방사성 요오드와 세슘 외에 불활성기체인 아르곤과 크립톤, 크세논을 포함한다. '틈 방출(gap release)' 상태라고 불리는 이런 과정은 약 30초 정도 지속될 것이다.

노심이 계속 가열되면서 방사성 세라믹 연료 펠릿들 자체가 녹기 시작하며, 많은 양의 방사성 동위원소들이 원자로 용기와 격납건물 대기 안으로 방출된다. 녹은 연료는 원자로 용기의 바닥으로 떨어져 강철을 녹이고 용기를 뚫고 지나서 격납건물의 바닥으로 떨어진다. 원자로 용기가 파손될 때까지 이러한 용기 내 초기 상태(early in-vessel phase)가 약 1시간 정도 지속되는데 이 시점에서는 원자로용해를 피할 수가 없다.

격납건물 바닥에 떨어진 연료는 바닥에 모인 물과 콘크리트와 격렬하게 반응하여 더 많은 동위원소들을 방출한다. 이러한 용기 외 상태는 여러 시간 지속된다. 녹은 노심이 원자로 용기의 바닥을 치면 대규모 증기 폭발을 유발할 수 있다. 이 폭발은 원자로 용기를 불어날려서 분리시키고, 동시에 격납건물을 파열시킬 수 있는 고속 '미사일들(아마 분출하는 기체를 말하는 듯—옮긴이)'들을 생성하여 방사성 기체들과 에어로졸들을 외부의 대기로 맹렬하게 분출한다.

원자로 용기가 폭파되어 분리되지 않고 녹은 연료가 원자로 용기의 바닥을 통해서 격납건물의 바닥으로 떨어지기만 한다면, 수소나 증기가 폭발할 수 있다. 이 폭발은 격납용기를 파열시키고 격납건물 대기의 방사성 핵종(radionuclide: 자연에 존재하는 천연방사성 핵종, 인공적으로 만들어낸 인공방사성 핵종, 우주선에 의한 핵반응으로 생긴 유도천연방사성 핵종 등 방사능을 가지는 핵종—옮긴이)을 순식간에 환경으로 유출한다.[44] 녹은 핵연료가 원자로 용기와 격납건물을 관통하는 것과 관련된 이런 일련의 연속을 원자력산업계는 '차이나 신드롬(China Syndrome: 원자로의 노심용융으로 고온 용해물이 땅 속에 침투하여 땅을 계속 녹이는 현상이 서구 입장에서 볼 때 지구 반대편에 있는 중국까지 확산된다는 것을 비유한 용어—옮긴이)'이라고 부른다. 이 용어는 제인 폰다(Jane Fonda)와 잭 레몬(Jack Lemmon)이 주연한 영화 《차이나신드롬 *The*

China Syndrome》에서 유래했는데, 스리마일 아일랜드 원자로 용해 직전에 영화가 개봉되었다.

　　방사성 원소들은 궁극적으로 여러 가지 요인들에 의해 분포의 양상이 달라진다. 예를 들어 지르코늄 핵연료 피복이 산화되고 연소하면, 막대한 양의 열이 발생하면서 방사성 플룸이 대기의 높은 고도로 올라가서 넓은 영역에 걸쳐 확산될 수 있다.[45] 만약 지르코늄이 타지 않는다면 더 작은 지역에 집중되기 때문에 방사능 낙진이 더 강렬해질 것이다. 원자로용해의 의학적이고 생태학적인 결과들은, 바람의 속도와 방향, 대기의 안정성, 기온 역전체계, 그리고 비가 효과적으로 방사능 낙진을 떨어뜨리기 때문에 비가 오는지의 여부를 포함하는 일반적인 기상학 조건들에 의해서도 영향을 받는다.[46]

　　용해가 발생하면 원자력규제위원회와 환경보호국 모두 원자로 반경 10마일 내에 살고 있는 모든 사람들에 대해 피난 계획을 요구한다. (실제로 사건이 발생하면 원자력규제위원회는 아마도 그 지역의 힌 부분을 피난시킬 것이리고 말한다. 환경보호국은 피난을 명령할 권한이 없다.) 그 계획은 사고가 발생한 이후 30분 동안 주변 지역에서 경보를 울리는 것으로 시작된다. 이는 운전자가 손상의 정도를 결정할 수 있는 시간을 허용하며 타이밍이 노심 용해의 개시와 일치할 것이다. 경보 시작부터 방사성 물질의 방출까지는 78분이 걸릴 것이다.[47]

　　2003년 인구조사 자료는 26만7099명이 원자로 10마일 반경 내에 거주한다고 기록했다. 유동인구까지 포함하면 그 수는 25퍼센트까지 증가할 수 있다.[48] 이런 인구밀집지역에 대해 테러리스트들이 선택할 최상의 공격시간은 어둠이 내리고 바람이 뉴욕

도심을 향하는 저녁일 것이다.[49]

용해 이후의 방사선량은 여러 방식으로 계산되는데, 첫 주 동안 방사선량은 다음과 같은 큰 위험을 야기한다.

· 방사성 물질의 흡입과 지나가는 방사성 구름에 의한 직접적인 외부 피폭

· 많은 양의 감마선을 방출하는 땅에 침적된 방사성 입자들에 의한 피폭. 이를 '그라운드샤인(groundshine)' 이라고 한다.

첫 주가 지나면 방사선량은 아래 항목들로부터 계산된다.

· 침적된 지표상의 방사성 물질에 의한 외부 피폭(그라운드샤인)

· 땅에서 재복사되는 입자들의 흡입

· 오염된 음식과 물의 체내 섭취[50]

계산된 수치들은 경악을 금치 못하게 한다. 피난 대상 지역의 주민들은 평균 198렘에서 최대 1490렘까지의 막대한 방사선량을 받을 것이며, 도시 중앙부 맨해튼의 방사선량은 평균 30렘에서 최대 307렘까지 걸쳐 있다. 인구의 50퍼센트가 사망하리라고 예상되는 방사선량은 250~380렘이다.[51]

높은 수준의 방사선은 신체(머리카락, 소화관, 혈액)를 구성하는 기관에서 활발하게 분화하는 세포들을 죽인다. 결과적으로 웨스트체스터 카운티와 맨해튼에서 사람들은 심한 탈모와 구역

질, 구토, 설사, 신체의 모든 구멍(코, 입, 잇몸, 장)에서의 출혈, 불가항력적인 전염병을 호소할 것이다. 히로시마 희생자들에 의해 첫번째로 확인된 이러한 증상을 급성방사선증(acute radiation sickness)이라고 부른다.

피난지역 10마일 내에서 이러한 증상으로 인한 초기 사망자수는 2440명에서 1만1500명에 이를 것이다. 비가 오는 등 기후조건이 방사능 낙진을 최대화한다면 최대 사망자수는 10마일 지역 내에서 2만6200명에 도달하고, 50마일 지역 내에서는 4만3700명에 도달할 수 있다. 후자는 맨해튼에 있는 사람들을 포함한 것이다.[52]

이후 2년에서 60년에 걸쳐 발생할 암 사망자들은 10마일 지역 내에서 9200명에서 8만9500명, 50마일 지역 내에서는 2만8100명에서 51만8000명에 이를 것이다.[53] 방사능 낙진이 심각하게 떨어지는 동안 사람들이 집과 유치원, 학교 그리고 일터에서 방사선에 대한 노출을 적절히 피한다면, 10마일 이내 초기 사망자와 추가 사망자들은 감소할 수 있다. 매우 짧은 빈감기를 가진 동위원소는 초기 원자로용해 단계에서 막대한 방사선량을 방출하므로 이때 사람들은 내부에 머무르는 것이 더 좋다. 동위원소들이 며칠에 걸쳐 방사성 붕괴를 함에 따라 피폭은 상대적으로 감소한다.[54]

피난이 방사선량에 대한 피폭을 더 증가시키기도 한다. 사람들이 공기가 새는 자동차에 있거나 밖에 서 있으면서 방사성 대기를 흡입하고 땅에 노출되기 때문이다.[55] 그러므로 급성 방사성 기간 동안 10마일 이내 지역의 사람들이 집과 사무실, 학교를 피난처로 삼는 것은 현명한 대처방법이다. 그러나 위에서 언급한 것처럼 원자력규제위원회나 환경보호국은 즉각적인 피난을 요구한다.[56] 결국 인디언포인트 원자력발전소 2호기와 3호기가 전속력으로 가동하는 중에 사고가 일어난다 해도, 시민들은 자신과 아이들을 보호하기 위한 가장 기본적인 정보조차 모르고 있다. 이런 정보를 일반 주민들에게 제공해야 하는 관공서조차 마찬가지다. 미국이 어린이용 좌석에 아기를 앉히고 안전벨트를 해야 하며, 금연을 권유하고 감시구조원 없이 수영장에서 수영하는 것을 금하고, 소화기와 산소마스크, 구명조끼 그리고 에어백을 고집하는 안전 중시의 나라임을 생각할 때 이런 상황은 도무지 이해할 수 없다.[57]

지금 이 장면을 상상해보라. 30만 명 이상의 사람들이 웨스트체스터 도로를 따라 타격을 받은 원자로로부터 피난하고 있다. 자동차들은 신호등에 정체되고 교통은 혼잡하다. 모두 공포와 불안으로 극심한 혼란에 빠져서 학교에 있는 아이와 배우자에게 가려고 애쓰고 있다. 이어서 그들은 입안에서 이상한 금속성 맛을 느끼기 시작한다. 그들은 호흡을 할 때마다 치명적인 방사성 기체들에 노출된다는 라디오의 무시무시한 경고를 듣지만, 어느 누구도 자신이 무엇을 하고 있는지 정확하게 모르며 어느 누구도 통제되지 않는다.

맨해튼은 어떠할 것인가? 교량들과 미드타운, 링컨 터널과 홀랜드 터널이 완전히 봉쇄되어 갇혀버린 수백만 명의 사람들은 자신들의 아파트에서 호흡조차 어려워하며 두려움에 떨고 있다.

라디오나 TV로 원자로용해에 대해 듣자마자 모든 사람이 불활성의 요오드화칼륨 알약을 복용한다면, 치명적인 방사성 연기인 플룸 안의 방사성 요오드에 대하여 갑상선이 받는 최대 방사선량을 30퍼센트까지 감소시킬 수 있다. 그러므로 인디언포인트 원자로 50마일 내에 사는 모든 사람은 요오드화칼륨을 의료 캐비닛 안에 비축하여 유사시 복용할 수 있도록 법적으로 의무화되어야 한다.[58] 그러나 원자력규제위원회는 "요오드화칼륨은 10마일 이내 주민들의 공중보건과 안전보호에 적절하다"[59]고 명기하면서, 요오드화칼륨 알약이 10마일 반경 내 주민들에게만 유용하다고 주장했다.[60]

어른과 비교할 때 어린이는 호흡률이 더 높고 갑상선이 상대적으로 작기 때문에, 방사성 요오드에 대해서도 어린이들의 갑상선은 세 배나 되는 방사선량을 받는다.[61] 맨해튼에서 어른이 갑상선에 받는 방사선량은 164렘에서 최대 1270렘까지인 반면, 다섯 살 된 어린이는 530렘에서 믿을 수 없을 만큼 엄청난 4240렘까지를 받을 수 있다. 이렇게 극단적인 방사선량은 갑상선 조직을 순식간에 파괴시키므로 이런 어린이들은 평생 갑상선 대체 호르몬을 섭취해야 할 것이다.[62] 갑상선 절개를 유발하지 않는 더 낮은 방사선량조차, 뉴욕에시의 유년기 갑상선암 위험이 체르노빌 다음 순위인 벨로루시의 암발생률에 다다를 것이다. 웨스트체스터 카운티와 맨해튼 주민들은 반드시 요오드화칼륨을 의무적으로 상비해야 한다. 그렇지만 요오드화칼륨을 시기적절하게 이용하더라도 갑상선의 방사선량을 30퍼센트까지만 감소시키기 때문에 어린이와 성인의 암 위험은 여전히 상승한다.

그리고 방사성 요오드는 플룸 안에 있는 치명적인 장수명 동위원소들 중 하나일 뿐이다. 그들은 모두 인체의 다른 특정한 기관들로 이동하며, 이 지역에서 자란 것으로 얻은 음식은 수십 년에서 수백 년간 방사능을 띠게 될 것이다.

　　인디언포인트 원자로용해의 경제적 피해는 가히 상상조차 어렵다. 세계의 금융도시는 결국 사람이 살 수 없는 곳이 될지 모른다. 원자로용해의 결과, 오염 제거와 돌이킬 수 없는 방사능을 지닌 건물 몰수, 임시적으로 또는 영구적으로 강제 이주시키는 사람들에게 주는 보상금 등을 포함한 손실이 1조1700억 달러에서 2조1200억 달러에 이를 것이다. 1110만 명 정도의 주민이 영구적으로 강제 이주되어야 한다.[63] 이러한 재정적 산출은 세계의 금융도시가 영원히 문을 닫을 경우의 엄청난 경제적 결과들은 포함하지 않은 수치다.[64].

　　지금까지 인디언포인트 원자로 하나에서 원자로용해가 일어날 경우의 영향들을 살펴보았다. 그러나 실제로는 두 개의 원자로가 가까이 일렬로 서 있다. 만약 두번째 원자로도 공격으로 손상되거나 외부 전기공급이 중단되어 예비 전력 공급이 실패하면, 하나가 아니라 두 개 모두에서 원자로용해가 일어날 수 있다. 이는 비극을 몇 배 더 악화시킬 것이다. 물론 세 개의 냉각수조 역시 파열될 것이며, 우리는 인류역사상 예측되지 않은 비극에 직면하게 될 것이다.[65]

사용후핵연료 저장수조의 위험

　　원자력산업계에 의해서 완곡하게 '수영장'으로 불리는 사용후핵연료 저장수조는 전형적으로 원자로 옆에 건설되어 대량의 고준위 방사성 폐기물을 저장하고 있다. 미국은 31개주 65곳에 103개의 상업용 원자로들을 가지고 있는데, 그중 34개가 비등경수로(BWR: Boiling Water Reactor)이고 69개가 가압경수로(PWR: Pressurized Water Reactor)이다. 그중 4개의 상업용 원자로는 가동이 중지되어 폐로(廢爐) 중이기 때문에 통틀어 65개의 가압경수로와 34개의 비등경수로가 운전중이다. 어떤 원자로들은 인디언포인트 원자로들처럼 같은 장소에 위치하고 있으면서 '수영장' 을 공유하고 있다.[66]

인디언포인트는 매년 강렬한 열과 방사능을 띠는 핵연료 30톤 정도가 원자로 노심에서 제거된다. 핵분열 생성물로 너무 오염되어 더 이상 효율적이지 않기 때문이다. 원래 원자로가 설계된 시점에는 핵연료들이 재처리 공장에서 플루토늄과 우라늄을 추출하여 전기를 더 생산하도록 재순환될 것으로 가정했다. 그래서 이러한 저장수조들은 핵폐기물의 알맞은 양만을 저장하도록 설계되었다.

그런데 플루토늄은 원자폭탄과 수소폭탄의 연료이기 때문에 방사성 핵연료로부터 플루토늄을 추출하는 것은 위험한 선례를 만드는 일이었다. 지미 카터(James Carter) 대통령은 미국에 의한 재처리가 다른 나라들도 고무할 것이라는 점을 인식하고 1977년 이에 대한 정책을 중지시켰다. 이에 따라 의회는 1982년 핵폐기물정책법(Nuclear Waste Policy Act)을 통과시켰고, 연방정부는 정부예산으로 상업용 사용후핵연료를 위해 깊은 지하 저장시설의 공급을 약속했다. 그리하여 이런 저장소로 핵연료를 이동시키는 작업이 1998년 시작되도록 추진되었다.

이후 미국 에너지부는 네바다 주 유카산을 고준위 폐기물 영구처분장으로 확정하고 굴착을 시작했다. 그러나 방사능을 띠는 폐기물 저장에 대한 네바다 주민들의 반대는 별도로 하더라도, 그 밖의 무수한 기술적이고 과학적인 문제들이 그 프로젝트를 지연시켜 왔다. 유카산 프로젝트는 2015년부터 핵폐기물을 저장할 수 있도록 추진되고 있으나 그 장소는 결코 폐기물을 받을 준비가 되어 있지 않을 것이다(유카산과 관련된 문제들은 다음 장에서 설명한다).

원자로가 계속해서 더 많은 폐기물을 만들어내 저장수조의 부담이 과중해지자 원자력규제위원회는 원자로 운영자들에게 핵연료에 대한 조밀화 작업을 통해 저장용량을 확장하도록 허가를 해주었다. 이는 원자로 자체 내부의 밀도에 접근하는 것으로 매우 큰 위험이 잠재된 상황이다. 빽빽하게 채워진 연료는 임계질량에 도달할 수 있고, 결국 냉각저장조 내에서 용해를 유발할 수 있다. 임계성(criticality: 핵분열 연쇄반응에서 체계 내의 중성자 생성과 소실의 균형이 유지되는 상태-옮긴이)을 방지하기 위하여 '빽빽이 채워진' 핵연료는, 중성자를 흡수하는 물질인 붕소로 만들어진 금속상자 안에 각 핵연료 집합체가 둘러싸이도록 함으로써 임계 미달 상태를 유지한다.

그러나 냉각재 상실사고(loss-of-coolant accident)가 일어날 경우, 대류 공기 냉각은 개방된 저장수조에서는 효율적이지만 조밀하게 채워진 저장수조 안에서는 효과가 없을 것이다. 임계점까지 가지 않는다 해도 냉각수가 지나치게 빨리 없어지면 사용후핵연료가 과열되어 녹을 수 있다. 인디언포인트는 건식 캐스크 저장방식을 시작하는데, 그 발전소의 냉각저장조들은 너무 많이 적재되어 있다.[67]

이러한 사용후핵연료 저장수조는 엄청난 양의 방사선을 수용해야 한다. 사용후핵연료 1톤 안에는 원자로 핵연료 1톤에 들어 있는 세슘 137의 거의 두 배가 들어 있다. (원자로 노심은 우라늄 80톤 안에 세슘 500만 퀴리 정도를 포함하지만, 400톤의

사용후핵연료는 3500만 퀴리의 세슘을 포함한다.) 따라서 사용
후핵연료 내에서의 용해는 원자로에서의 노심용융보다 훨씬 더
파멸적일 수 있다. 사용후핵연료 저장수조 내의 방사성 원소들
중에서 세슘 137은 가장 성가신 경우인데, 왜냐하면 10년 된 핵
연료 방사성 물질 중에서 세슘이 50퍼센트를 점유하기 때문이
다.[68]

우리가 알고 있듯이 세슘은 휘발성을 가진 동위원소로서 즉
각적으로 퍼질 수 있으며, 반감기가 30년이어서 600년간 방사능
을 가지게 된다. 그밖에도 플루토늄과 플루토늄 관련 알파 방출
체들과 세륨, 테크네튬, 삼중수소, 스트론튬 90, 그리고 더 많
은 유해한 동위원소들이 마찬가지로 방출될 것이다. 저장수조
용해에 의해 유발될 수 있는 재해에 대한 아래의 연구는 세슘
137의 의학적 효과만을 언급하고 있다. 따라서 다른 방사성 동
위원소들의 영향은 장기간에 걸쳐 심하게 과소평가된 것들이다.

1997년 원자력규제위원회는 한 연구에서, 사용후핵연료 저
장수조에서 불이 나면 5만4000~14만3000명의 암 사망을 야기
할 수 있으며, 2000~7만 평방킬로미터의 농업지역이 사람이 살
수 없는 땅이 될 것이라고 밝혔다. 또한 오염지역에서 수십 만의
사람들을 피난시키는 데 1170억 달러에서 5660억 달러가 소요
될 것이라고 추정했다. 로버트 알바레즈(Robert Alvarez)와 그
의 동료들에 의한 연구는, 화재가 발생하여 냉각저장조의 세슘
137이 10퍼센트만 방출되더라도 체르노빌보다 다섯 배에서 아
홉 배가 더 큰 면적이 오염될 것이라고 보고했다. 100퍼센트가
방출된다면 오염은 체르노빌의 경우보다 70배나 더 큰 면적에
영향을 미칠 것이다.

놀랍게도 비등경수로의 많은 사용후핵연료 저장수조들은 원자로 건물꼭대기나 땅위에 세워져서 비행기 충돌이나 테러리스트의 공격에 매우 취약한 구조이다. 고속 제트전투기나 큰 제트여객기의 터빈 축은 냉각저장조의 벽을 쉽게 관통하여 저장수조의 지지대를 불안정하게 하고, 심지어는 저장수조를 뒤엎어서 냉각수를 제거할 수도 있다. 제트연료에 의한 공기 폭발은 저장수조 위의 건물을 붕괴시키고 저장수조를 파괴할 불덩어리를 만들어 냉각저장조의 물 일부를 기화시킬 수 있다.

다른 예측할 수 없는 사고들도 방사능을 띤 판도라의 상자를 위협하면서 그 위를 맴돌고 있다. 예를 들어 지진은 핵연료 집합체의 배치와 구조를 붕괴시킬 수 있다. 통상적으로 저장수조 위를 지나가는 사용후핵연료 수송용기(spent fuel cask: 고방사성 물질의 수송과 저장에 쓰이는 차폐기능을 가진 용기—옮긴이)가 떨어져서 저장수조를 심하게 손상시킬 수도 있다. 이런 저장수조들은 대전차용 미사일에 의해 구멍이 뚫릴 정도로 취약하다.

저장수조에 있는 물이 사용후핵연료 최상단부 아래로 수위가 내려가면 감마선이 너무 강렬하여(저장수조의 주변에서 1만 렘, 다른 지역들에서는 수백 렘에 이른다) 1시간 이내에 치사량을 쬘 수 있다. 이러한 상황에서는 사고를 수습하려는 기술진들의 노력이 무산될 수밖에 없다. 놀라운 것은 원자력규제위원회가 이러한 냉각저장조의 위험들을 간과하고 있다는 점이다. 그리하여 그들은 충분한 안전체계나 비상 보조냉각수 체계(emergency backup water-cooling system) 등을 가지고 원자로 운전자들이 이런 비상사태들에 대비하도록 요구하지 않는다.

많은 원자력 시설들이 원자로와 그 부품들을 짧은 시간 내에 검사하기 위하여 모든 연료를 12~18개월마다 냉각저장조로 방출하기 때문에 냉각저장조 문제는 더 큰 위협이 된다. 편의주의적인 이 새로운 조작은 '효율성'과 비용절감이라는 명목으로 수행되는데, 핵연료가 몹시 뜨거우므로 그것은 냉각저장조에서의 상황을 더욱 열악하게 만든다. 이러한 시점에서 냉각재 상실사고가 발생한다면 엄청난 재앙이 될 것이다. 이 새로운 '효율' 모델이 나타나기 전에는, 원자로 노심으로부터 매우 방사능이 높은 사용후핵연료의 30퍼센트만이 주어진 시간에 냉각저장조로 방출되었다.

냉각저장조에서 냉각수의 손실이 일어나면, 밀도가 높게 채워진 사용후핵연료 붕소상자들은 연료봉들 가운데 공기의 자유로운 순환을 막는다. 그런 경우에 저장수조 내에 새로 내려진 원자로 노심은 1시간 내에 너무 많은 열을 발생시켜서 지르코늄 합금 피복재가 핵연료 연소의 팽창으로 파열될 것이다. 섭씨 900도에 도달하면 지르코늄 합금은 타오르게 된다.

이런 사고들은 본질적으로 매우 잠재적인 재앙이므로 의회와 원자력산업계, 그리고 원자력규제위원회는 즉각적으로 상황을 시정해야만 한다. 알바레즈와 그의 동료들은, 사고나 테러리스트의 공격에서 사용후핵연료 저장수조의 막대한 방사성 물질 방출을 완화할 임시적인 해법에 도달했다. 그들은 5년 이상 된 핵연료는 저장수조로부터 제거하여 원자로 부지에 건식 캐스크 저장방식으로 보관함으로써 단일한 장소에 있는 휘발성이 강한 거대한 방사성 물질들에 대한 공격의 위험이나 사고를 제거해야 한다고 권고한다. 5년 이상 된 모든 사용후핵연료의 이동은 수조 안에 있는 세슘을 현재의 4분의 1로 감소시키거나, 원자로 노심 내에 있는 양을 두 배로(여덟 배가 아닌) 감소시킬 것이다. 이를 위해서는 각 원자로마다 평균적으로 35개의 핵연료 수송용기가 필수적이다.

현재 33개의 원자로는 건식 캐스크 저장방식에 의존하고 있으며, 21개의 원자로는 이 방식을 설비하는 과정에 있다. 이 방식은 공기가 연료봉들 사이로 자유로이 순환하도록 허용하며, 사고나 공격 시 어느 정도의 안전과 냉각 요인을 보장해줄 수 있다. 건식 사용후핵연료 수송용기는 연료봉들의 고유한 열에 의하여 힘을 얻은 공기의 자연스런 대류에 의해 수동적으로 냉각되며, 개방된 곳 안의 콘크리트 패드에 저장된다. 이러한 방식 역시 테러리스트의 공격에 취약하지만, 수송용기 하나에서의 세슘 방출은 핵연료 용융이 일어난 사용후핵연료 저장수조에 비하면 매우 적은 양이다. 그렇지만 강력한 폭탄이 건식 사용후핵연료 수송용기 위에서 폭발한다면 그들 중 많은 것이 파열될 수 있다.

현재 1년에 200개의 사용후핵연료 수송용기가 만들어지고 있으며, 이는 사용후핵연료 2000톤을 저장할 수 있는 양이다. 5년 이하의 사용후핵연료는 여전히 너무 뜨거워서 스스로 녹을 수 있으므로 건조한 수송용기에 저장하기에는 부적당하다. 그러나 최근 5년간 냉각수조에 저장될 분량을 제외한 모든 사용후핵연료가 건식으로 저장되면(건식저장이 가능한 수준으로 냉각하기 위해 사용후핵연료는 일단 수년 동안 원전 내 사용후핵연료 저장수조에 저장되어야 한다-옮긴이), 앞으로 10년에 걸쳐 고준위 방사성 폐기물 3만5000톤의 짐을 덜게 된다. 그리고 여기에 연간 300개의 건식 수송용기가 필요할 것이다. 이렇게 처리되지 않으면 사용후핵연료 저장수조의 전체 방사성 물질은 2010년까지 6만 톤이 될 것으로 예측되며, 약 4만5000톤은 밀도가 높게 채워진 냉각저장조에 있어야 한다. 밀도가 높은 냉각저장조는 냉각수를 상실하면 사용후핵연료에 불이 붙을 수 있지만, 건조한 사용후핵연료 수송용기 내에 있는 연료는 농도가 더 적으므로 불이 덜 타오르는 경향이 있다.

분명히 원자력발전소 소유자들은 건식 캐스크 저장방식을 위한 비용을 감당하고자 하지 않을 것이다. 공적 규제가 풀린 시장에서, 경쟁자인 화력발전소가 더 싸게 판매할 것을 두려워하는 그들이 이 추가비용을 소비자에게 전가시키지 않을 것이기 때문이다. 따라서 연방정부는 수송용기 저장과 필수적인 보안 개선에 대한 비용부담에 동의함으로써 이런 지침을 이행할 수 있도록 해야 한다. 원자력산업계는 다시 한번 자신들의 비용을 떠맡는 연방정부의 엄호물에 몸을 숨길 것이다.

이 같은 재앙의 시나리오는 물론 미국에 한정되지 않는다. 뉴욕의 9·11 공격 이후 영국 그린피스는 세 가지 일련의 보고서를 작성했는데, 이 보고서들은 세라필드의 원자력 복합단지에 대한 테러리스트의 항공기 공격 결과들을 조사했다. (세라필드는 원자로들과 재처리공장들, 그리고 1550입방미터의 액체 폐기물과 분리된 플루토늄 수십 톤을 포함하는 고준위 방사성 폐기물 저장탱크들로 구성되어 있다.) 그 결과 테러리스트의 공격으로 350만 명이 살해될 수 있음을 확인했다. 그린피스는 너무나 충격적인 결과에 자료 공개를 확신하지 못한 채 1년 동안 그 자료를 덮어두었다. 올더마스턴(Aldermaston)의 핵과학자인 프랭크 바나비(Frank Barnaby) 박사는 점보여객기가 세라필드 발전소를 공격하면 1마일 높이의 방사능 불덩어리를 유발할 수 있다고 결론지었다. 비행기가 정규적인 비행경로로부터 캠브리어에 있는 세라필드 원자력 복합단지로 항로를 돌리는 데 필요한 시간은 4분에 불과하며, 공격을 받으면 체르노빌의 25배가 넘는 방사선이 방출될 것이다.[69]

5.
인류의 재앙이 되어버린 핵폐기물

원자력발전이 시작된 지 65년이 넘었지만 원자력산업계는 아직도 치명적인 방사성 폐기물의 막대한 양에 대해서 책임을 진 적이 없으며, 발전소가 가동되는 만큼 방사성 폐기물은 계속해서 쌓이고 있다. 한 번의 삶을 사는 운명의 인간이 시공의 무한성을 헤아릴 수 없듯이, 50만 년간 지속되며 돌연변이의 발생률을 높이는 발암물질의 중대성을 완전히 이해하는 일도 불가능하다.

방사성 폐기물은 동위원소의 농도와 유형, 그리고 물질의 기원에 따라 분류되며 다양한 형태와 외양으로 나타나는데, 그중에서 가장 위험한 것은 고준위 방사성 폐기물이다. 이 폐기물은 핵무기를 위한 플루토늄의 생산(통틀어 9100만 갤런)과 원자로들로부터 나오는 사용후핵연료(2006년 5만2000미터톤)로서 여전히 높은 수준의 방사능을 갖고 있다.[1]

1970년대 초반에 미국 에너지부는 라이온스와 캔자스에 있는 암염돔(salt dome: 돔 모양으로 튀어나온 암염층을 말하며 암염층이 완전히 굳기 전에 위로 퇴적된 지층의 압력으로 위쪽의 약한 부분을 따라 솟아오른 것-옮긴이) 안에 고준위 방사성 폐기물을 저장하기로 결정했다. 그러나 뜻밖에 그 암염돔들에서 가스탐사로 뚫린 구멍이 발견되었다. 다른 장소들을 물색했으나 결국은 대중들의 정치적 압력으로 계획 자체가 무산되었다. 1982년 의회는 핵폐기물정책법을 통과시켜 원자력발전소에서 나온 방사성 폐기물의 안전한 저장을 약속했다. 그리고 그 후속 조치로 1987년 네바다 주의 유카산을 첫번째 저장소로 지정했다.

처음에는 유카산이 저장소로서 적절한 지질학적 조건을 가진 용이한 장소라고 생각되었다. 그러나 실제로 유카산은 부석(浮石)과 화산재의 층들로 구성된 화산의 잔여물로서 복잡한 지질학적 특징을 지닌 부적당한 장소였다. 하지만 오늘날까지도 유카산은 고준위 방사성 폐기물의 유일한 지층 처분 후보지이다.[2]

저장장소의 지질학적 요구조건은 적어도 50만 년 동안 폐기물의 누출과 침출이 없어야 한다. 미국 환경보호국 기준들은 최대 방사선량에 이를 때까지 저장하도록 요구하는데, 이것이 차후 50만 년이다.[3] 하지만 유카산에서는 다음과 같은 여러 가지 이유로 그러한 계획이 결코 수행될 수 없을 것이다.

· 부식된 사용후핵연료 수송용기로부터 오염된 물은 지하수로 스며들어 아마고사 계곡으로 퍼지게 되며, 이 물은 계곡으로 가는 수로를 경유하여 확산될 수 있다. 그리하여 인접한 농업지역과 보호받는 생물학적 종들의 거주환경으로 퍼져나가 방사능을 띤 샘들을 만들어낼 것이다.[4]

· 화산 활동으로 폐기물이 저장된 터널에 마그마가 침입하여 통들을 녹일 수 있다. 화산 활동이 표면으로 가는 경로를 열면 방사능은 지형을 따라 퍼지게 된다.

· 방사성 염소 36이 이른바 물이 잘 새어들지 않는 산 깊은 곳에서 발견되었다. 이 동위원소는 1950년대와 1960년대에 대기 중에서 수행한 핵무기실험으로부터 발생했는데, 50년 내에 산을 관통한 물에서 발견된 것이다. 이는 미국 에너지부가 예상한 속도보다 수천 배 빠르다는 것을 의미한다.[5]

· 원래 예상했던 것보다 훨씬 더 많은 물이 산 내부에서 발견되었다. 하지만 저장장소는 상대적으로 건조해야 한다. 시간이 지나도 금속으로 된 사용후핵연료 저장용기(캐스크)들이 부식하지 않아야 하기 때문이다. 미래의 기후는 훨씬 더 습해질 것이며, 이는 스며드는 침윤(浸潤)을 증가시킬 것이다.[6]

· 유카산은 활성화된 시신대에 있다. 그리고 산의 20마일 이내에 적어도 33개의 알려진 활성단층들이 지나간다. 1992년 6월에 리히터 지진계로 7.4가 측정된 지진이 남부 캘리포니아의 유카 계곡을 뒤흔들었다.[7] 이틀 후에는 5.2로 측정된 지진이 유카산에서 6마일 떨어진 미국 에너지부 건물 주변에 발생해 100만 달러의 손실을 입혔다.

· 유카산의 일부는 비행훈련 지역인 넬리스 공군기지 아래에 있다. 이곳은 새로운 군용 제트기들을 시험·검사하는 장소로서, 미국과 다른 국가의 조종사들이 전쟁훈련을 위해 이용하기도 하는데 비행기 추락도 드물지 않다.[8]

어떤 과학자들은 유카산 프로그램을 '챌린저호 이전의 NASA'에 비유했다.[9]

이렇게 부적절하게 선택되었음에도 거대한 양의 방사성 폐기물이 수천 년 동안 저장되어야 한다. 저장소 내부의 온도는 1250년 동안 끓는점 이상일 것이다. 캐니스터(canister: 고준위 방사성 폐기물의 유리고화체 또는 사용후연료를 저장하기 위한 강제 또는 스테인리스강제의 통형용기-옮긴이)의 내부는 화씨 662도에 도달하고, 캐니스터들을 고정하는 암석 내부는 527도 또는 끓는점을 훨씬 웃도는 온도에 도달한다. 한 개의 사용후핵연료 집합체는 히로시마 원폭으로 인한 장수명 방사선의 양보다 열 배나 더 많은 양을 함유한다. 유카산은 이러한 집합체 14만 개를 수용하도록 예정되어 있다.[10] 그렇지만 전체 프로젝트가 2006년 1월 현재 개정중이기 때문에 이런 자료도 수정되어야 할 것이다.

다음의 정보는 '지층 처분 후보지 유카산의 내력'이라는 이름으로 된 네바다 주 웹사이트에서 꾸준히 모은 것이다. 미국 에너지부는 1982년 핵폐기물정책법 하에서 유카산의 지질 조건이 핵폐기물 수용에 부적당하다는 소식을 의회에 보고하지 않을 수 없었다. 그러나 결정적으로 이런 평가가 이루어질 때까지도 미국 에너지부와 상업적 원자력산업계, 의회의 많은 의원들은 무슨 일이 있어도 유카산 프로젝트를 실현하기 위해 애쓰고 있었다.[11] 방사성 폐기물 저장시설들은 '몇 겹의 방어선을 배치하여 방어하는 것', 즉 격납용기가 막지 못하여 방사선이 방출되더라도 지질 환경이 더 이상의 방출을 막을 수 있어야 하는 것이 황금률이다. 그럼에도 미국 에너지부는 지질학적 저장에 대한 평가에서, 물과 방사성 폐기물의 반응을 방지할 인공적인 방사성 폐기물 패키지(Waste package: 방사성 폐기물의 취급, 수송, 저장, 처분을 위해 만들어진 용기 및 기타 방벽들을 포함한 용기-옮긴이)의 설계로 방향을 틀어 진행시켰다. 결국 미국 에너지부 공학자들은 이상한 설계를 발전시켜 티타늄 '드립 실드(drip shield)'를 구성했다. 드립 실드는 저장소가 폐쇄되기 전에(아마도 터널 자체가 붕괴할 때인) 후손들에 의해 수백 년간 원격제어로 캐니스터들 위에 놓여진다. 이후 미국 에너지부는 장소 선정의 골치 아픈 지질학적 지침을 무시하기로 결정했다.[12]

미국 에너지부가 지질학적 조건 대신 폐기물 패키지와 드립 실드에 의존하기로 결정함으로써 부식과 관련한 문제가 결정적으로 중요해졌다. 그러나 미국 에너지부는 격납용기 캐니스터에 사용되는 니켈 합금 C22의 장기간에 걸친 부식에 대해 관련 자료들을 가지고 있지 않았다. 그 합금이 겨우 10,20년 전에 발견되었기 때문이다. 기본적인 부식 메커니즘을 이해할 수 없는 상황에서 몇십 년 혹은 수천 년을 유추하는 것은 불가능하다. 그럼에도 미국 에너지부는 불완전한 과학기술 현황을 숨기고 부적합한 과학모델에 의지하여 이런 물질들이 수만 년간 온전하게 유지될 것이라고 공공연히 사람들을 안심시켰다.[13]

한편 미국 에너지부가 자료를 조작하더라도 유카산의 지형적 조건이 불완전하므로 일차적으로 캐니스터가 방사성 폐기물을 차폐시키지 못하면, 이차적으로 차폐해주어야 할 지형적 여건이 누출을 막지 못한다. 고준위 방사성 폐기물이 누출될 경우 대중이 받을 최대 방사선량이 너무 높아서 미국 환경보호국 지침을 만족시키지 못하게 되었다. 원자력규제위원회와 미국 환경보호국은 뒤늦게 규제 순응의 기간을 1만 년으로 한정했다. (이론적으로는 수십만 년이 되어야 한다.) 그에 따라 미국 에너지부가 결함 있는 부식 방지 패키지들에 근거하여 면허를 부여하는 것이 허용되었다.[14]

하지만 2004년 7월 연방 항소법원은 심지어 1만 년 후일지라도 캐니스터가 누출을 시작할 때 단속 순응 기간은 최대 방사선량으로 확장되어야 한다고 판결했다. 법원은 미국 환경보호국과 원자력규제위원회에게 미국 에너지부가 방사성 폐기물 패키지에만 의지해서는 안 된다고 언급했다.[15] 그후 조지 부시 대통령 때 환경보호국은 허용되는 방사선량을 높인 새 법들을 공포하여 미국 에너지부가 필수적인 자격들을 통과시키도록 했다. 그들은 1만 년 동안 유카산 시설 근처의 개인당 방사선 피폭을 연간 15밀리렘까지로 제한하고 나서, 갑자기 1만 년 이후부터 100만 년 동안 연간 350밀리렘으로 방사선량을 증가시키도록(원자력규제위원회에 의해 현재 대중에게 허용되는 방사선량의 3.5배) 허용할 2단계로 된 법을 결정하였다. (이것은 미국 환경보호국이 이전에 안전 한계로 정한 15밀리렘보다 23배가 높다. 표준적인 가슴 X-선은 10밀리렘이다.)

네바다 상원의원 해리 레이드(Harry Reid)는 이 정책을 '부두교과학이자 제멋대로인 숫자들'이라고 딱지를 붙였다.[16] 그리고 폴 크레이그(Paul Craig)는 자신의 논문에서 유카산에 대해 다음과 같이 기술했다. "환경보호국은 안전 기준을 충분히 고려하기보다 어떤 기준으로 해야 유카산 프로젝트를 계속 진행시킬 수 있을지 골몰하고 있다."[17] 이 기준이 적절한지, 또한 미래에도 유지될 수 있을지를 질문하자 환경보호국의 제프리 홀름스테이드(Jeffrey Holmstead)는 "그것은 꽤 엉뚱하지만 적절한 질문이다.

······우리는 우리가 지닌 모든 과학으로 최상의 작업을 한다"고 답변했다.[18]

한편 미국 에너지부는 미국 지질조사소(United States Geological Survey)에 산 속의 물의 침투에 대한 연구를 의뢰했다. 그러나 실제 현장에서 지질조사소 공학자들은 사설 도급업자들에게 연구를 보고하고 있었다. 이 공학자들은 건설사업 이해관계가 얽힌 도급업자로부터 심한 압력을 받으면서 보고서를 작성해야만 했다. 2005년 3월에 한 도급업자가 그들을 고소하는 이메일을 접한 이후에 미국 에너지부는 미국 지질조사소의 공학자들이 유카산에 대한 자료를 왜곡했을 수 있다고 해명했다.

이 문제에 대한 청문회 의장인 존 포터(Jon Porter) 하원의원의 요구로 그 이메일들이 의회로 넘어갔다. 적어도 이 과학자들이 그들의 작업 타당성을 보장할 품질보증 프로그램을 따르고 있지 않다는 것은 명백했다. 그럼에도 미국 에너지부 장관은 여전히 고준위 방사성 폐기물 저장장소로 유카산을 지지했으며, 공학자들의 보고서에 대해 반복해서 '훌륭한 과학'이라고 추켜세웠다.[19] 다음은 이러한 이메일들 중에서 선별한 것이다. (교정 없이 원본 그대로 재현했다.)

나는 Cl-36 자료가 이 장소에 대한 결론을 정해준다고 제안하는 것이 아니다. ······사용후핵연료의 방사성 독소는 너무 높아서 매우 작은 양의 물이 폐기물과 접하여 환경에 도달한다 해도 상당한 방사선량이 존재하게 될 것이다.

Cl-36 자료는 지표면에서 저장소 층위까지 가장 빠른 경로들이 있음을 지적한다. ······폐기물 패키지들이 몇천 년 동안만 지속된다 해도 계산된 조사율은 1만 년 이내에 연간 100밀리렘을 초과할 것이다.

그의 분석들은 지구온난화의 결과로 유카산의 강수량이 증가하리라는 것을 예측하고 있다.

나는 드립 실드들이 도움이 되지 않는 경우를 생각해본다. (사람들은 폐기물에 오염된 물에 접할 것이다. 이것은 방사선량이 연간 1렘 또는 10렘……이라는 것을 의미한다. 드립 실드가 있다고 해도 방사선량은 연간 10렘 이하일 수 없다.)

이 사람들은 잘못된 과학적 분석을 하고 있다. ……수리지질학적 환경의 작용을 배치된 장소로부터 나오는 열 방출의 함수로 계산하는 것은 일반적인 학계의 접근방식과 다른 것이다. 그 과정들의 시간 상수는 수년간 이루어진 계산과정들의 확증일 수 없다. ……미국 에너지부의 여러 장소에서 관찰한 결과를 보면, 모델의 예측보다 방사성 핵종이 더 멀리 그리고 더 빨리 이동하는 경향을 확인할 수 있다.

문제점은, 비대하고 오래되고 외부와 고립되었으며 시대에 뒤떨어졌고 기구의 돈을 맡은, 스스로를 평가하고 자족하는 인간의 조직기구인 미국 에너지부의 매너리즘이다…….

우리는 그 장소에 대해 충분히 모든 것을 알고 있다. 남은 문제는 1) 드립 실드와 자갈들(gravel)을 어떻게 설치할 것인가와 2) 장수명 방사성 폐기물 패키지를 어떻게 만들 것인가이다.

내가 그들에게 제공한 것은 품질보증이 아니다. 그들이 진실로 전문적인 분석을 원한다면 우리가 그 일을 제대로 하게끔 용역을 맡겨야 한다.

당신이 바로 원본 파일들을 (빈칸)으로부터 다운로드받아

그 자료들을 보고에 활용한다면 어떠할 것인가? 그들은 그보다 더 많은 것을 알지 못한다. 별도로 분석하지 않고 단지 내가 사용한 자료라고 말함으로써 담당자들로부터 공신력을 얻는 것이 사실이다.

나는 파일의 '공식적인' 품질보증 버전으로부터 몇 줄 삭제했다. 결국 나는 두 꾸러미의 파일을 작성한다. 하나는 품질보증이 그냥 좋게 나오도록 하는 자료들이고, 다른 하나는 우리가 실제로 사용하는 품질보증들 자료이다.

품질보증에 자료나 분석이 없다면 도대체 품질보증이 무슨 의미가 있는가? 우리가 품질보증 작업을 형식적으로 할 뿐이란 말인가?[20]

유카산이 제 기능을 다한다고 하더라도, 폐기물 관리의 또 다른 문제가 있다. 그것은 미국의 고속도로와 철도를 따라 유카산까지 이동하는 방사성 폐기물의 수송이다. 사용후핵연료 7만 미터톤(metric ton: 1000킬로그램을 1톤으로 하는 중량 단위 옮긴이)을 운반하는 데는 30년이 걸린다. 유카산은 정부 권한으로 민간 원자로로부터 축적된 6만3000미터톤과 군용 폐기물 7000미터톤을 받도록 되어 있다.[21] 새 원자로가 건설되는 경우는 별도로 하고 말이다. 그 과정에서 연간 50건의 사고가 있을 수 있으며, 그 가운데 세 건은 방사성 물질의 심각한 누출을 유발할 수 있다. 또한 수송계획에는 인구밀도가 높은 지역을 통과하거나, 심각한 기후 조건일 때 방사성 물질을 운반하는 것이 금지되어 있지 않다. 사용후핵연료 수송용기인 캐니스터 11개가 현재 미국 에너지부에 의해 방사성 물질 수송에 사용되고 있는데, 최근

그 가운데에서 결함이 발견되기도 했다.[22]

　그러나 2005년 8월까지도 미국 에너지부 대변인인 크레이그 스티븐스(Craig Stevens)는 부시 행정부가 유카산 프로젝트를 계속 진행한다는 것을 확인해주었다. 그들은 허가를 위해 원자력규제위원회에 공식 출원을 제출하고자 계획하고 있다.[23]

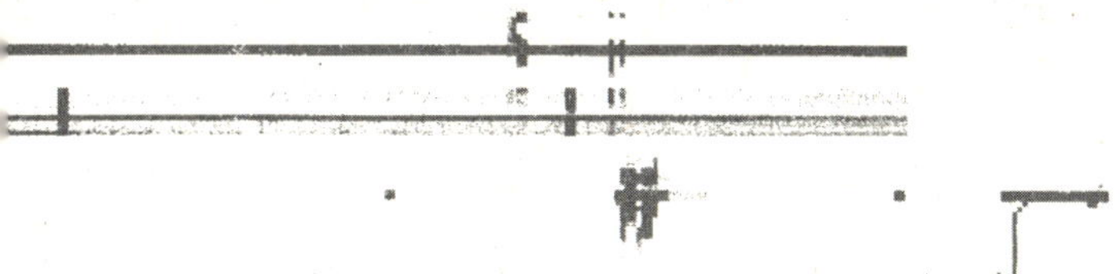

6.
예측할 수 없는 잠재된 위험, 제4세대 원자로

원자력산업은 원자로를 '세대(generation)' 에 따라 분류한다.

제1세대 원자로

원시적인 제1세대 원자로들은 농축되지 않은 자연 우라늄을
연료로 1950년대와 1960년대에 발전했다. 제1세대 원자로는 모
두 영국에 있으며 오늘날 여덟 개가 가동되고 있다.[1]

제2세대 원자로

현재 전 세계 31개국에서 가동되고 있는 441개의 원자로 대
다수는 제2세대 원자로로서 이들은 서로 다른 다양성을 가지고

있다. 첫번째는 고전적인 경수로로 가압경수로와 비등경수로의 형태가 있으며, 두 종류 모두 미국 전역에서 가동중이다. 이 경수로들은 모두 정상적인 물로 냉각된다.[2]

가압경수로 유형은 여러 가지 문제를 가지고 있다. 원래 핵잠수함을 위해 설계되었기 때문에 가압경수로는 다른 원자로 설계보다 더 높은 온도와 압력에서 작동한다. 이런 조건은 증기발생기를 포함한 많은 구성부분들의 부식을 가속화시킨다. 또한 원자로 제어봉이 원자로 헤드 구멍들을 통해 작동하는데, 원자로 헤드 구멍들의 위치에서 균열이 생길 수도 있다. 실제로 2002년 오하이오에 있는 데이비스−베시 원자력발전소에서 이런 문제로 심각한 사고가 발생했다. 이때 원자로 압력용기에 균열이 생겼고, 심각한 부식이 발생했다.[3]

비등경수로 역시 부식과 균열 사고가 계속 일어났는데, 특히 서독의 비등경수로에서 잦은 문제가 발생했다. 비등경수로의 배관은 가압경수로에 비해 훨씬 더 복잡하다. 이는 구조적이고 기능적인 다른 종류의 문제들을 야기한다.

또 다른 일반적인 제2세대 원자로는 가압중수로(pressurized heavy water reactor)이며 현재 7개국에서 44개가 가동중이다.[4] 그중 가장 흔한 원자로는 원래 캐나다에서 설계된 CANDU로, 그것은 천연 우라늄을 원료로 중수에 의해 냉각된다. 이러한 원자로들은 경수로보다 훨씬 많은 양의 사용후핵연료를 발생시킨다는 사실 이외에도, 심각한 안전과 경제상 문제에 직면해 폐쇄되어 왔다.[5] CANDU 원자로들은 중수조사(heavy water irradiation)의 부산물로 막대한 양의 삼중수소를 발생시켜 생물권으로 방출한다. 1996년 4월에는 피커링−4(Pickering-4) 발전소의 열

교환기에서 누출이 일어나, 50조 퀴리의 삼중수소가 온타리오 호수로 방출되었다. 온타리오 호수는 매우 많은 양의 물을 가지고 있기 때문에 삼중수소는 빠르게 희석되었을 것이다. 그 호수는 많은 사람들의 식수원으로 이용되기 때문에 피커링 근처에 사는 주민들은 삼중수소를 섭취했을 수 있다. 또한 이 동위원소 역시 먹이사슬 안에서 생물학적으로 축적되므로 호수에서 물고기를 잡아먹는 사람도 삼중수소를 섭취할 수 있다. 삼중수소의 반감기는 12.4년이며, 100년 이상을 호수에 남아 있을 것이다.

또한 CANDU 원자로는 많은 양의 플루토늄 239를 발생시킨다. 플루토늄은 핵에너지의 부산물로, 핵발전소를 소유한 국가가 핵무기를 제조하고 생산하는 것을 비교적 용이하게 한다. 인도는 1990년대에 CANDU로부터 핵무기를 제조했다.[6]

러시아는 자신들만의 고유한 원자로를 설계했는데, 이는 본질적으로 안전상의 많은 결함을 가지고 있었다. 가장 심각한 문제는 원자로 노심 내에서 중성자를 감속시키는 데 사용되는 흑연이 사고 시 점화할 수 있고, 극히 높은 온도에서 연소할 수도 있다는 점이었다. 실제로 이러한 요소가 체르노빌 사고 때 뜨거운 상승기류를 유발했고, 방사성 동위원소들이 대기로 높이 올라가 치명적인 방사능 낙진으로 퍼져나갔다.[7]

영국은 두 개의 원자로 설계를 전문화했다. 하나는 마그녹스(MAGNOX라는 이름은 핵연료봉을 둘러싼 마그네슘 합금포장(magnesium alloy casing surrounding the fuel rod)에서 유래-옮긴이)로서 기체를 냉각재로 하고 천연 우라늄을 핵연료로 하며 흑연으로 감속하는 원자로이고, 다른 하나는 개량형 가스냉각로(AGR: Advanced Gas Cooled Reactor)이다.[8] 이 설계 중 어느 것도 2차 격납용기(secondary containment vessel)를 포함하지 않아서 방사성 물질의 대량 방출 가능성이 잠재하고 있다. 마그녹스 원자로는 특히 안전상 많은 결함 때문에 위험하다고 간주되어 현재는 쓰이지 않고 단계적으로 철수되고 있는 중이다.[9]

다수의 제2세대 원자로는 심각한 문제를 노출하기도 했고, 여전히 치명적인 문제들이 잠재하고 있다. 그럼에도 원자력산업계는 여러 가지 방식에서 위험을 제거한 새로운 원자로 설계라고 주장하며 보급하고 있다.

제3세대 원자로

이른바 '발전된' 설계를 지닌 제3세대 원자로, 또는 '개량형 원자로(Advanced Reactor)'는 사실상 현재 미국과 다른 국가들에서 가동하고 있는 '제2세대 경수로'의 수정일 뿐이다. 원자로의 위험에 관한 2005년도 그린피스 연구는, 대다수의 제3세대 원자로들이 단지 여러 가지 원자로들의 서로 다른 개념들을 모아 놓은 것에 불과하다고 지적했다. 특히 이 개념들 중 일부는 제2세대 원자로로부터 거의 발전되지 않은 것이다. 특정한 수정들은 단지 비용 삭감만을 노린 것이어서 경제적 성과를 향상시키기는 했다. 원자력산업계가 일반대중들이 원자력에 대해 긍정적으로 생각하기를 원하면서 이런 원자로들이 더 안전하다고 주장하지만 실제로는 이러한 상황인 것이다.[10]

최근 원자력규제위원회가 AP-100 설계를 승인한 것과 함께 네 개의 원자로 설계가 미국 원자력규제위원회에 의해 공인되었다. 이는 제너럴 일렉트릭 개량형 비등경수로(ABWR)와 웨스팅하우스 시스템-80+, 웨스팅하우스 AP-600, 그리고 AP-1000 가압경수로(PWR)를 포함한다.[11] 그렇지만 세 개의 상업적 제3세대 원자로는 일본에 세워져 가동 중이다. 그리고 또 다른 원자로가 핀란드에서 건설중이다.[12] 처음 두 개의 설계는 현 경수로와 거의 다르지 않은 반면, AP-600은 '규제를 받는 설비를 제거함으로써' 자본코스트를 감소하도록 특별하게 설계된 것이다. 이런 비용을 삭감한 설계의 특징 가운데 하나는 정상 가동중인 경우와 사고가 난 경우 모두에 대해, 증기발생기로 급수하는 이중의 용도 설비-계통들에 의지한다. 이 설계는 역시 사고중에 비상운전을 개시하기 위해 전동기 구동펌프 대신 중력에 의존하는 이른바 수동적 안전체계를 구축한다.

콘크리트와 강철이 새 원자로에서 자본코스트의 큰 부분을 차지하므로, 웨스팅하우스는 격납용기와 다른 안전등급 특성들의 크기와 강도를 감소시켰다. 하지만 이런 경제적 이점을 살리는 수정에도 불구하고 AP-600 원자로는 고객들을 끌어들이는 데 실패했다.[13] 이후 웨스팅하우스는 AP-600의 더 큰 버전인 AP-1000을 설계했는데, 이 원자로는 AP-600의 출력을 거의 두 배로 만들면서도 건설비용은 출력과 비례적으로 증가하지 않는 경제적 이점을 지녔다. 그러나 이러한 수정은 원자로들의 안전을 심각하게 위협한다. 왜냐하면 약화된 격납용기 구조 내에 위험한 양의 압력이 생겨 용기를 파열하고 원자로용해를 유발할 수 있기 때문이다.[14]

그럼에도 새로 형성된 뉴스타트 에너지 컨소시엄은 현재 설계적 결함이 있는 두 개의 제3세대 원자로, 즉 제너럴 일렉트릭 개량형 비등경수로와 웨스팅하우스 AP-1000을 건설하기 위해 장소를 물색하고 있다.[15] 추진중인 장소는 미시시피의 그랜드 걸프(Grand Gulf) 원자력발전소와 루이지애나의 성 프란체스빌에 있는 리버 벤드(River Bend) 원자력발전소, 사우스캐롤라이나 에이컨 근처 미국 에너지부의 사바나 리버 지역, 메릴랜드의 칼버트 클리프스 원자력발전소, 그리고 뉴욕의 나인 마일 포인트 원자력발전소이다.

제3세대 원자로에 대한 20개의 서로 다른 설계들이 진행중이며, 그 가운데 몇 개는 2010년까지 건설되어 가동될 것으로 기대된다.[16]

제3+세대 원자로

제도판 위에서 설계되는 더 위험한 제3세대 원자로 중 하나가 때때로 제3+세대로 언급되는 페블베드 모듈형 원자로(PBMR: Pebble Bed Modular Reactor)이다. PBMR은 거의 안전설비들을 요구하지 않는 '고유한' 안전설계에 의해 자본코스트를 감소시키는 또 다른 시도다. 이런 원자로들은 1970년대에서 1980년대 후반까지 연구가 계속되었으며, 원형이 되는 발전소들이 진전되어 미국, 영국 그리고 서독에서 짧은 기간 동안 작동했다.[17] 그러나 원자력산업계는 비용초과와 두 개의 무서운 사고로 위기를 맞았다.

PBMR은 고온가스로(HTGR)로서, 섭씨 900도에서 작동하여 고압에서 순환하는 헬륨 기체로 냉각된다. 핵분열 연료는 수십억 개에 달하는 농축 우라늄 탄화물의 미소구형 연료, 또는 연료핵(kernel)으로 구성되어 있으며, 이 연료는 두 개의 열분해 탄소 층과 탄화규소(SiC) 한 층으로 덮여 있다. 이런 결합은 흑연의 구 안에 봉해진다. 각 원자로는 흑연이나 탄소 코팅을 한 100억 개까지의 우라늄 연료핵을 수용하며, 이는 방사성이 있는 연료핵에서 핵분열 생성물이 누출되는 것을 방지한다.

테니스공 크기인 이 흑연 연료집합체, 즉 '페블' 총 40만 개가 연속적으로 연료 사일로(fuel silo)에서 원자로 노심으로 공급된다. 원자력산업계는 노심을 통해 페블들이 천천히 순환함으로써 작은 노심의 크기를 생성하여 노심 내의 과다한 반응성을 감소시키고, 반면에 출력 밀도를 낮게 하여 원자로용해의 위험을 최소화한다고 주장한다. 그들은 이런 조건들 덕분에 PBMR이 안전하므로 격납용기의 건설이 필수적이지 않다고 말한다(이것은 원자로 건설비용이 더 저렴해진다는 것을 의미한다). 심지어 이 원자로 운전자들은 이 특별한 발전소의 원자로는 운전자들이 그 장소를 떠나도 결코 임계 조건이나 위기를 맞지 않을 것이라는 의미에서 "내버려두고 떠나도 안전하다"고 주장한다.[18]

인간의 실수나 기계고장으로 촉발된 예기치 않은 사고로 인해 노심의 온도가 섭씨 1600도를 초과한다면, 탄소 피복은 약해져서(같은 온도에서 지르코늄은 현재 가동중인 대부분의 다른 원자로들에서처럼 산화하고 연소할 것이다) 대량의 방사성 동위원소들을 방출하기 시작한다.[19] 온도가 섭씨 2000도 이상으로 올라가면 방사성 연료핵 자체가 녹을 것이다. 이 상황은 결국 체르노빌과 유사하게 흑연에 불이 붙도록 유도할 것이다.

다른 문제들은 냉각계통의 설계를 포함한다. 공기가 1차 헬륨의 순환으로 들어가면, 연료핵들을 피복하는 탄소들이 자발적으로 연소하여 흑연이 맹렬하게 타도록 함으로써, 체르노빌과 유사한 방사성 물질들의 치명적인 방출을 야기할 수 있다.[20] 한편 원자로 자체는 지하에 있지만 두 개의 증기 터빈발전기와 RCCS(Reactor Cavity Cooling System)는 지상에 있으므로, 이러한 시설들은 사보타주나 화재에 극히 취약하게 된다.[21]

또 다른 문제들도 PBMR을 에워싸고 있다.

- PBMR에서는 방사성 헬륨의 누출 방지가 어렵다.[22]
- 수십만 개의 연료 페블들을 결함 없이 성형가공하는(fabricate: 제조된 연료봉을 이용하여 원자로에 장전되는 연료집합체를 제조하는 일련의 공정-옮긴이) 것은 너무나 어려운 일이다.[23]
- PBMR은 저준위 방사성 폐기물은 더 적게 산출하지만 고준위 방사성 폐기물의 양은 훨씬 더 많다.[24]
- PBMR은 철근 콘크리트 격납 구조들을 훨씬 덜 튼튼한 외벽 건물로 대체하여 경제적 편익을 얻어냈다. 원자력규제위원회의 원자로안전자문위원회조차 이것을 '주요한 안전 거래'라고 부를 정도다.[25]

제4세대 원자로

제3세대와 제3+세대 원자로 설계들이 제1세대와 제2세대 원자로를 발전적으로 변화시킨 반면, 제4세대 원자로는 혁명적이다. 제4세대 원자로 설계는 연료와 발전소 성능에 의존하는데, 연료와 성능 조건들은 테스트되지 않았으며 단지 실현 가능성만이 입증된 상황이다. 예를 들면 이런 설계들의 다수는 오늘날까지 경험한 것보다 훨씬 더 부식 조건에 강한 금속을 필요로 한다. 결론적으로 제4세대 원자로 설계들은 이런 어려운 문제들과 마주치게 될 것이며, 의심할 바 없이 원자력산업계가 예상한 것보다 더 높은 비용과 더 낮은 안전 수준을 겪게 될 것이다.

핵연료주기

새로운 원자로에 대한 요청에 부응하여 순환 핵연료주기에 대한 요청이 재개되었다. 미국은 채굴된 우라늄이 제2세대 경수로에 필요한 농도로 농축되어 폐기물로 버려지는 '비순환' 핵연료주기를 이용한다. 순환 핵연료주기는 플루토늄을 회수하기 위해 원자로에서 나온 사용후핵연료를 재처리하는 것을 의미하며, 이 개념을 플루토늄 경제(plutonium Economy)라고 부른다.

플루토늄은 모든 원자로가 전기를 발생시킬 때 부산물로 생성된다. 원자로 연료인 우라늄의 대략 95퍼센트가 동위원소 우라늄 238인데, 우라늄 238 원자가 원자로 노심을 따라 튀는 활기찬 중성자들을 흡수하면 플루토늄 239인 플루토늄 동위원소로 전환한다. 플루토늄은 원자로들의 연료공급에 사용되며, 또한 핵무기 제조에도 이용될 수 있다.

플루토늄을 추출하여 이용하는 물리학적 과정은 매우 복잡하고 위험하다. 먼저 사용후핵연료봉들은 작은 조각으로 잘라져서 농도가 높은 질산 용기 안에서 녹게 된다. 방사성 물질이 가득한 용기로부터 플루토늄과 사용되지 않은 우라늄이 재생되는

데 이를 재처리라고 부른다. 경수로에서 나온 사용후핵연료의 대략 94퍼센트가 사용되지 않은 우라늄이고, 1퍼센트가 플루토늄, 그리고 강렬한 방사성 핵분열 생성물이 5퍼센트를 차지한다. 플루토늄과 재생된 일부 우라늄은 세라믹 펠릿으로 만들어지고 연료봉 안에 넣어져 원자로 노심 안에 놓인다.

그렇지만 그 이름과는 모순되게 순환 핵연료주기에서는 고준위 방사성 폐기물 처리를 해야 한다. 순환 핵연료주기는, 사용후핵연료를 재처리하여 플루토늄과 우라늄을 추출하고, 이런 원소들을 원자로 노심으로 되돌려 재순환한다. 앞에서도 언급했듯이 재처리는 핵연료주기에서 가장 위험한 부분이다. 환경적 방사성 물질들의 누출과 작업자의 오염, 그리고 수백만 갤런에 달하는 강렬한 부식성을 가진 산성 방사성 액체 폐기물을 처리하는 것은 실로 가공할 만한 문제들로 둘러싸여 있다. MIT 연구는 순환 핵연료주기의 비용이 비순환 핵연료주기보다 4.5배나 더 많을 것이라고 보고했다.[26]

더 높은 비용 이외에도 핵무기를 만드는 데 이용될 수 있는 플루토늄을 얻도록 사용후핵연료를 재처리하는 것은 대단히 위험한 일이다.

플루토늄이 제1세대와 제2세대 발전로(power reactor)의 작동에 의한 부산물로 생성됨에도 불구하고, 이런 원자로들의 대다수인 경수로가 '느린중성자' 또는 '열중성자'들을 요구하기 때문에 '열중성자로(thermal reactor)'라고 부르기도 한다. 원자들은 핵분열할 때 에너지와 고속중성자들을 방출한다. 제1세대와 제2세대 원자로들에서 사용된 우라늄 연료는 고속중성자들을 처리하도록 설계되지 않았다. 그래서 물이나 흑연은 고속중성자들을 감속하도록 이용된다. 이 감속은 느린중성자들이 우라늄 연료원자들과 상호작용하여 핵분열이 계속 일어나도록 하게 하며, 이는 더 많은 열과 전기를 발생한다. 그러나 감속은 우라늄 238 원자들이 플루토늄으로 전환하는 것을 지연시킨다. 우라늄 238 원자들은 고속중성자들을 더 선호하기 때문이다.

제4세대 원자로에는 고속로와 증식로가 있다. 증식로들은 고속중성자들을 이용하여 우라늄 238 원자를 플루토늄 239 원자로 효율적으로 전환하도록 특별히 고안되었다. 따라서 이 원자로들은 중성자들을 감속하기 위하여 물이나 흑연을 이용하지 않는다. 증식로에서의 전환 과정은 우라늄의 어려운 공급문제가 경감되도록 핵반응 등이 시동 후에 자동적으로 계속되게끔 고안되었다. 플루토늄은 사용후핵연료로부터 추출되어 원자로에 놓여지고 핵분열을 통해 전기를 생산함으로써 인류가 직면할 에너지 문제를 해결할 수 있다. 그러나 이 유토피아적인 꿈은, 증식로 및 고속로의 가동에 따른 심각한 문제 때문에 실현될 수가 없게 되었다.

증식로와 고속로

원자력 동력로(nuclear power reactor)는 두 가지 유형의 사고를 유발할 수 있다. 냉각재 상실사고와 반응도 초과(reactivity excursion) 사고가 그것이다. 냉각재 상실사고는 원자로 노심에 의해 생성된 열이 제거될 수 없을 때 일어나며, 핵연료가 과열되어 원자로용해를 유발한다. 반응도 초과 사고는 원자로 노심의 통제가 이루어지지 않을 때 발생하여, 고삐 풀린 핵반응과 상당한 양의 에너지 방출을 유발한다. 영국 윈드스케일에서 1957년 일어난 사고는 조작자의 실수로 원자로가 과열되고 흑연감속재에 불이 붙었을 때 발생했다.[27] 1979년 미국 스리마일 아일랜드 사고 역시 냉각재 상실사고였으며, 미국 아이다호국립공학연구소의 SL-1에서 1961년에 일어난 사고와 1986년 우크라이나의 체르노빌 사고는 반응도 초과 사고였다.

다량의 플루토늄을 제조하도록 설계된 증식로들은 대체로 열을 제거하는 액체 나트륨으로 냉각되지만 고속중성자를 감속하지는 않는다. 액체 나트륨 금속은 물이나 공기에 노출되면 연소하거나 폭발하므로, 액체 나트륨을 수용하는 용기와 배관, 밸브, 그리고 펌프는 결코 누출되는 일이 없도록 주의가 요구된다(이것은 비용으로 연결된다). 누출로 인한 폭발이 냉각재 상실사고를 촉발할 수도 있기 때문이다.

더구나 느린중성자보다 고속중성자를 이용하는 것이 더 위험하다. 반응도 초과 사고가 일어날 경우에 느린중성자들은 장비와 운전자에게 반응할 시간적 여유를 훨씬 더 많이 제공한다. 따라서 방사선이 비극적으로 방출을 시작하기 전에 사고가 수습될 수도 있다. 반면에 고속중성자들은 실수에 대한 여유를 주지 않는다. 결국 노심에 더 많은 농도의 플루토늄을 가진 고속로와 고속증식로에서 사고가 발생한다면, 현재 원자로 노심에서 생성되는 것보다 훨씬 더 치명적인 핵분열 생성물과 플루토늄을 누출할 것이다.

순환 핵연료주기

순환 핵연료주기는 명백히 핵무기 확산에 기여한다. 증식로와 재처리공장, 연료 성형가공 시설들에서 핵연료주기를 가동하

도록 요구되는 전체 플루토늄 양은 15톤에서 25톤까지에 이른
다.[28] 플루토늄이 핵무기를 위한 선택적인 연료이므로 이 재처리
시설들은 매우 위험하다. 원자폭탄을 만드는 데 필요한 플루토
늄의 최소량이 다만 1킬로그램에서 3킬로그램, 즉 2.2파운드에
서 6.6파운드일 뿐이기 때문이다. 그러므로 증식로와 재처리시
설들은 핵무기 확산을 위한 불변의 초대장인 셈이다.[29]

원자로에서 새 플루토늄 연료들을 공급하는 것은 플루토늄
취급에 요구된 특별한 안전 및 폐기물 관리 체제 때문에, 그리고
이 원자로들이 성공적으로 가동하지 않았기에 이루어지지 않았
다. 한편 핵연료의 재처리와 성형가공 비용은 지난 30여 년간 지
나치게 상승하여 플루토늄을 재처리하는 것보다 천연 우라늄을
채굴하는 것이 더 값싸고 안전하게 되었다.[30]

원자로 노심 내의 중성자들이 감속되지 않기 때문에 고속로
들은 증식로와 유사하다. 고속로들은 플루토늄 239로 전환되기
위해 원자로 노심 내에 그만큼의 우라늄 238을 수용하지 않으므
로 고속증식로와 같은 양의 플루토늄을 생성하지 않는다. 원자
력산업계는 고속로가 장수명 플루토늄을 제거하고 전기를 발생
시키는 우수한 방식이라고 말하는데, 이 기술을 '악티니드 관리
(actinide management)' 라고 부른다. 고속로는 증식로 노심 안
에 설치된 우라늄 238의 블랭킷(blanket: 핵융합로에서 노심 플라
즈마 용기를 둘러싸고 있는 부분-옮긴이) 없이 작동할 경우 추가로
플루토늄 5톤이 원자로 노심 내에 있을 수 있다. 그중 10퍼센트
가 핵분열 생성물로 전환되는데, 이것을 '폐기물 연소' 또는 플
루토늄의 '변환' 이라고 한다.[31] 이 10퍼센트만이 스트론튬과 세
슘 같은 치명적인 장수명 핵분열 생성물로 전환되며, 이들은

600년간 지속된다. 반면에 더 장수명인 플루토늄 90퍼센트는 남아 있게 된다.

고속로들은 경수로보다 두 배의 비용이 필요하고, 경수로는 화력이나 풍력발전소보다 60퍼센트 정도 더 비용이 들어간다. 그리고 이런 원자로들은 세계에 이미 비축된 수백 톤의 플루토늄을 처리할 능력이 부족하다.[32] 원자력산업계는 a) 너무 유독하고 b) 50만 년간 지속되며 c) 원자폭탄의 연료가 되는 플루토늄을 제거할 수 있기 때문에 고속로의 개념을 좋아한다. 그러나 위에서 언급한 것처럼 10퍼센트의 플루토늄만이 고속로에서 핵분열되며, 그 10퍼센트가 600년간 지속되는 치명적인 핵분열 생성물(세슘과 스트론튬)로 전환된다. 원자력산업계는 의심 없이 믿고 있는 일반대중들에게 고속로를 강력히 추천하고 있다.

이렇듯 터무니없이 비싸고 위험한 계획임에도 불구하고, 원자력산업계는 제4세대 원자로가 안전하고 핵확산을 방지하며 경제적 경쟁력이 있고 온실가스를 방출하지 않는 꿈의 연료제공자라고 끊임없이 주장한다. 심지어 그들은 이 원자로들이 "환경을 파괴하지 않고 지속될 수 있다"고 말한다. 그러나 지속될 수 있다는 주장은 재생에너지원과 에너지 보존 분야에만 적용할 수 있는 것이다.[33] 그것은 원자력 전기가 너무 싸서 계량할 수 없다고 한 50년 전의 주장만큼이나 근거 없는 이야기다.

원자력산업계에 대해 정통한 이해를 가지고 있는 사람들은 핵의 르네상스를 격렬히 반대한다. 예를 들면 원자력공학자인 로쉬바움은 17년간 원자력산업계에 종사했으며, '우려하는 과학자동맹'을 위한 원자력 안전공학자가 되기 위해 1996년에 산업계를 떠난 사람이다. 그는 최근 미 하원 정부개혁위원회의 차 세대원자력 에너지자원분과위원회에서 연설을 했는데, 그의 주장을 요약하면 다음과 같다.

· 미국을 비롯한 세계 어느 나라도 제1세대 고준위 방사성 폐기물 처분장소를 가지고 있지 않고, 또한 제3세대 원자로조차 성공적으로 작동하지 않는 이때, 원자력산업계가 제4세대 원자로에 대해 언급하는 것은 적절하지 못하다. 연방정부는 다음 세대의 발전용 원자로를 인가하기 전에 고준위 방사성 폐기물을 위한 저장소부터 마련해야 한다.

· 원자력규제위원회는 신속하게 개선되어야 한다. 로취바움은 데이비스-베시 원자력발전소에 대한 검사 절차에서 나타난 원자력규제위원회의 미숙한 대응을 지적했다. 데이비스-베시 원자력발전소는 2002년에 원자로용해가 발생할 뻔한 매우 위험한 상황이었다. 그런 맥락에서 그는 원자력규제위원회가 과거 원자력발전소에서 발생했던 문제들로부터 배웠던 교훈들이 25퍼센트 정도도 실행하지 못했다고 보았다. 또한 그의 연구에 따르면, 효율적인 단속이 직원들을 침묵시킬 수는 있지만 원자력규제위원회 피고용자의 47퍼센트는 원자로 문제에 대한 강력한 의견 제시가 자신들에게 안전하지 않다고 느끼는 것으로 나타났다. 따라서 로취바움은 의회가 주의를 기울여 원자력규제위원회를 완전한 안전문화를 가진 효율적인 단속기관으로 개혁하기 위해 필요한 자원들을 제공해야 한다고 조언한다.[34]

· 새로운 제4세대 원자로 설계를 토론할 때 로취바움은, 원

자력산업계는 제4세대 원자로가 다른 오래된 원자로들보다 더 안전하다고 이야기하고 있지만 이는 사실과 전혀 거리가 멀다고 주장한다. 이 새 고안물들은 압력과 온도가 가장 극한인 조건에서 매우 부식성이 높은 냉각재를 이용하므로 새로운 부식방지 구조 물질들이 발전되어야 한다. 어떤 제4세대 원자로들은 봉해진 '전지들' 안에 넣어지며, 가동하는 핵연료주기는 10년에서 30년 동안 지속된다. 따라서 일상적인 검사나 유지보수가 물리적으로 불가능해지며, 잠재적인 문제들은 더 악화될 수 있다. 로취바움은 새로운 구조적 물질들을 극한의 온도와 강력한 화학반응에 노출하는 것은, 확실히 심각한 문제들을 양산할 것이라고 보았다. 또한 그는 검사되지 않은 신물질들에 대한 실험들은 실험실과 시제품 환경에서 수행되어야 하며, 인구밀도가 매우 높은 지역 가까이에서 작동하는 상용로(commercial reactor: 발전용 원자로의 개발이 압도적으로 많았기 때문에 상업용 발전로를 상용로라 한다―옮긴이)에서는 결코 수행되어서는 안 된다고 강조한다.

· 어떤 제4세대 원자로들은 공기나 물에 노출될 때 연소하거나 폭발하는 액체 나트륨이나, 극히 부식성이 높고 방사선에 쪼이면 매우 휘발성이 강한 동위원소를 생성하는 납―비스무트 합금인 액체금속 냉각재로 냉각된다. 대부분의 제4세대 원자로들은 증식로인데, 이는 그 장소에서 재처리되어야 한다는 것을 의미한다. 이른바 '순환 핵연료주기'이다. 재처리는 다량의 방사성 동위원소가 방출되기 때문에 의학적으로 위험할 뿐만 아니라, 핵무기를 만들

수 있는 플루토늄의 막대한 양을 처리·운송·저장하도록 요구한다. 그러나 미국은 브라질과 한국 등 많은 국가들에게 재처리시설을 허용하도록 적극적으로 장려하고 있다.

· 광범위한 안전문제들 때문에 대부분의 국가들은 재처리를 포기했고, 엄청난 비용과 위험성 때문에 증식로를 포기했다. 로취바움은 의회가 다음 세대의 원자로 설계들을 추진할 것이 아니라, 우선적으로 미국 에너지부가 진술한 목표들을 충족시켜야 한다고 주장했다.

· 차세대 원자로 계획들을 열정적으로 추진하려는 원자력산업계는, 비상계획구역이 10마일에서 0.25마일로 줄어들어 사이렌의 필요성이 없어졌고, 또한 제4세대 원자로들은 너무 안전해서 비상사이렌과 일반대중에 대한 보호나 조치가 불필요하기 때문에 제거되어야 한다고 주장해 왔다.[35] 그러면서도 원자력산업계는 신형 원자로들을 위해 개정된 프라이스-앤더슨법 하에서 연방정부에 배상책임 보호를 정구하여 이를 획득했나. 로취바움은 다음과 깉이 충고했다. 만약 제4세대 원자로 사고의 잠재적인 결과들이 너무 재앙적이어서 발전소 운영자들이 연방정부의 배상책임 보호를 프라이스-앤더슨법에 요구할 정도라면, 발전소 근처의 주민들을 위한 비상사이렌과 다른 비상조치들은 반드시 구비되어야 한다는 것이다.[36]

새로운 미래인가, 과거의 되풀이인가

미국정부는 제4세대 원자로들을 선도해 왔다. 2001년 미국 에너지부는 아르헨티나와 브라질, 캐나다, 프랑스, 일본, 한국,

남아프리카공화국, 스위스, 영국, 미국, 그리고 핵에너지 관련 유럽 국가들의 컨소시엄인 유럽원자력공동체(European Atomic Energy Community) 11개 회원국들로 구성된 '제4세대 원자력 국제포럼(Generation IV International Forum)'을 발족하였다. 뒤이어 IAEA도 혁신 원자로 및 핵연료주기에 관한 국제프로젝트 (INPRO: International Projects on Innovative Nuclear Reactors and Fuel Cycles)라는 유사한 국제포럼을 제안하고 지원했다. INPRO는 21개국으로 구성되었는데 아르헨티나, 아르메니아, 브라질, 불가리아, 캐나다, 칠레, 중국, 체코, 프랑스, 독일, 인도, 인도네시아, 한국, 파키스탄, 러시아, 남아프리카공화국, 스페인, 스위스, 네덜란드, 터키, 그리고 유럽위원회가 그들이다. (이 두 기구에 모두 가입한 회원국들이 있는데, 미국은 INPRO가 러시아의 뜻을 반영하는 조직이라고 보기 때문에 이에 참여하는 것을 좋아하지 않는다.)[37]

이런 국제 컨소시엄은 핵무기 비보유 국가들 다수에게 핵무기를 만들 장비와 전문가적 의견과 수단들을 제공한다. 이는 결코 바람직한 일이 아니지만 대중들이 채 알기도 전에 감독이나 통제도 받지 않고 신속하게 진행되는 것이다.

제4세대 원자로들은 너무 비용이 많이 들어서 고도의 전문지식과 연구개발비 등의 많은 비용을 한 국가가 모두 지원하기는 어렵다. 이 새롭고 혁신적인 고안물은 너무 복잡해서 2030년까지도 완료되지 않을 것이며, 아무리 빨라도 2045년은 되어야 할 것이다. 현재 제4세대 원자로는 지구를 괴롭히는 지구온난화 문제에 구체적인 영향을 미치지는 않는다.[38] 하지만 지구온난화는 지금 당장 일어나고 있는 일이다. 긴급하게 즉시 대처해야 하는 일인 것이다. 신형 원자로들에 할당되는 자금은 당장 유용하게 쓸 수 있는 재생에너지의 대량생산에 사용될 수 있다. 그리고 이런 재생에너지 기술들은 지구온난화를 심화시키는 기체들을 줄이는 데 긍정적인 효과가 있다. 반면에 핵연료주기는 실제로 지구온난화를 가속화하고 있다.

어떤 세대의 원자로가 추진되어야 할지 원자력산업계 내에서도 의견이 통일되어 있지 않다. 모두가 새로운 원자로 설계를 지지하는 것처럼 보이지만, 어떤 이들은 제3세대 원자로를 찬성하고 다른 사람들은 제4세대 원자로를 지지하는 격렬한 논쟁이 계속되고 있다.[39] 미국의 원자력 규제기구들은 이런 새로운 원자로 개념들에 대해 적극적인 반응을 보이지 않는다. 원자력규제위원회의 한 위원에 따르면, 원자로들은 진화적인 기술에 기반을 두어야지 혁명적인 기술에 기반을 두어서는 안 된다. 아직도 기존 원자로들의 많은 안전문제가 해결되지 않은 가운데 예측할 수 없는 새로운 문제들이 불가피하게 발생할 것이기 때문이다.[40]

요약하면 제3세대와 제4세대 원자로 문제는 논생의 여지가 있으며, 건전한 경제적·환경적·안전적 원칙들과 핵무기 확산금지 원칙들에 기반을 둔 것으로 보이지 않는다. 회의적인 그린피스 보고서는 다음과 같이 지적한다. "원자력의 부흥은 없을 것이다. 그것은 고비용이며 수소 생산에 대해 경쟁적이지 않고, 개발도상국들에게 적합하지도 않다. 제4세대 원자로는 모든 장애물에도 불구하고 수소 생산으로 가려는 무모하고 절박한 시도인가? 그렇지 않다면 단순히 시대에 뒤떨어진 연구시설들의 가동을 유지하려는 데 목적이 있는 것인가? (이 연구시설들은 가동을 계속하지 않으면 안전에 대한 관심과 수요 부족으로 문을 닫

을 시설들이다.) 기존 발전소의 진화적 발전을 추구하는 대신 혁
명적인 고온가스로 기술을 판매하고 발전시키려는 시도가 과연
신중한 것인가? 이도 저도 아니면 제4세대를 논하는 동안 기존
원자로의 수명을 연장할 수 있도록 그 모두가 핵에너지의 이미지
를 개선하는 쇼에 불과한 것인가?"[41]

7.
대량 살상무기인 핵무기와 핵에너지

영국 방첩기관인 MI5에 따르면, 8개국의 360개 이상 되는 사기업과 대학, 그리고 정부조직들이 핵무기 제조에 이용되는 핵기술과 장비들을 생산해 왔다. 그들 중에는 이스라엘과 시리아, 파키스탄, 이란, 인도, 이집트, 런던에 있는 파키스탄 상임위원회, 그리고 아랍에미리드 연빙이 포힘되이 있디. 기프로스와 몰타에 있는 회사들은 이 같은 대량파괴 무기들을 위한 유령회사일 수 있다. MI5에 의하면 핵무기 시장은 일반적으로 생각하는 것보다 더 크며, 아랍에미리트 연방의 유령회사들이 핵무기 거래의 중심허브이다.[1]

도래하는 원자력산업의 '르네상스' 때문에, 앞으로 20년 동안 25개의 국가 및 컨소시엄들이 플루토늄의 연료공급을 받는 제4세대 원자로들에 접근할 것이다. 어떤 원자로들은 '순환 핵연료주기'를 가짐으로써 재처리공장이 플루토늄을 생산할 것이다. 이는 미국 에너지부와 IAEA가 나름대로 최선이라고 생각하여, 이런 나라들이 GIF와 INPRO에 관련되도록 하였기 때문이다. 이런 국가들에는 아르헨티나, 아르메니아, 브라질, 불가리아, 캐나다, 칠레, 중국, 체코, 프랑스, 독일, 인도, 인도네시아, 일본, 파키스탄, 한국, 러시아, 남아프리카공화국, 스페인, 스위스, 네덜란드, 터키, 영국, 미국, 그리고 유럽원자력공동체의 컨소시엄들과 유럽 공동체가 포함되어 있다. 결국 IAEA와 미국정부는 핵무기 확산을 극도로 경계하는 동시에 핵확산을 가능하게 할 기술과 전문지식, 그리고 원료들의 보급을 활발히 촉진하고 장려하고 있는 것이다.

복잡한 기술을 손에 넣었다면 원자폭탄을 만드는 데 더 필요한 것은 1킬로그램에서 3킬로그램(2.2파운드에서 6.6파운드)[2]의 플루토늄뿐이다. 물론 이것은 최소량이고 일반적으로 통용되는 양은 무기급 플루토늄(Weapon Grade Plutonium: 순도 90퍼센트 이상의 플루토늄을 무기급 플루토늄이라고 한다. 여기에 기폭장치를 결합시키면 플루토늄 핵폭탄이 된다-옮긴이)이 5킬로그램, 원자로급 플루토늄(reactor grade plutonium)이 8킬로그램이다. 설계도는 인터넷에서도 얼마든지 구할 수 있으며, 필수적인 물질들은 임의의 철물점에서 살 수 있다. 집에서 만드는 플루토늄 폭탄은 어려울 수 있지만 고농축 우라늄을 이용한 폭탄은 그보다 덜 어려울 것이다.

더욱이 세계는 플루토늄으로 넘친다. 러시아와 미국은 각각 핵무기 해체로부터 생긴 34미터톤의 플루토늄을 가지고 있다. 그들이 오래된 핵무기를 계속하여 해체한다면 무기급 플루토늄 100미터톤이 추가로 생길 것이다. 그리하여 더 많은 수백 톤의 플루토늄이 세계의 무기고에 남아 있을 것이다.[3]

군사용 플루토늄 외에도 1500톤 이상의 플루토늄이 전 세계적으로 민간 원자력발전소에 의해 생산되어 왔다.[4] 그 가운데 많은 양은 매우 유독한 방사성 물질들과 혼합되어 사용후핵연료봉 내에 저장되어 있지만, 일본, 프랑스, 인도, 러시아, 그리고 유럽의 여러 나라들은 사용후핵연료를 재처리하여 민간용 플루토늄을 바쁘게 추출해 왔다. 이런 국가들은 세 개의 재처리공장에서 200미터톤 이상을 비축해 왔다. 그 장소들은 프랑스의 라아그에 있는 코제마 시설들, 영국의 컴브리아에 있는 세라필드 발전소, 러시아의 마야크이다.[5] 일본은 홋카이도의 북쪽 섬에 있는 로카쇼에 새로운 재처리 복합단지를 건설중이다.[6] 독일, 네덜란드, 벨기에, 스위스, 이탈리아와 미국은 이미 상업적으로 분리된 플루토늄을 소유하고 있는 국가들 중 일부이다.[7] 만약 다음 10여 년간 지구온난화에 맞서 싸운다고 사람들을 현혹시키며 2000개의 새로운 원자력발전소가 건설된다면, 상업적으로 생산될 플루토늄은 2050년까지 2만 미터톤으로 증가하며, 현재의 재고들은 그에 비하면 너무도 적은 양이 될 것이다.

이것은 한마디로 플루토늄을 둘러싼 광기이다. 플루토늄은 100만 분의 1그램만으로도 발암성 방사선량을 유발시킨다. 그리고 플루토늄은 반감기가 2만4400년이다. 1994년 미국 국립과학아카데미 보고서는 플루토늄에 대한 러시아와 미국의 군사용 비축을 "국가적이고 국제적인 안전에 대한 명백하고 현존하는 위험"으로 기술했다. 그리고 1998년 영국 왕립학회(British Royal Society) 보고서는 영국의 플루토늄 비축을 검토하면서 "민간 플루토늄의 비축이 어느 단계에서 불법적인 핵무기 생산에 이용될 수 있는가는 참으로 지대한 관심사이다"라고 결론을 내렸다.[8]

불행하게도 수년간에 걸쳐 막대한 양의 플루토늄이 비축되어 왔음에도, 그리고 적어도 플루토늄 처분에 대한 다섯 가지 가능한 수단이 존재함에도 불구하고, 현재까지 어느 실험실이나 어느 나라도 통제되지 않는 플루토늄에 대처하는 가장 중요한 단계들을 조치하지 않았다. 그렇지만 이런 처분방법들의 대부분은 바람직한 결과를 낳는다.

1. 플루토늄은 우라늄과 섞여 혼합산화물 연료(mixed oxide fuel: 플루토늄을 유효하게 사용하기 위해 재처리에서 회수된 산화 플루토늄과 천연우라늄 또는 재처리에서 함께 회수된 감손 산화 우라늄을 섞어서 만든 연료로 우라늄·플루토늄 혼합연료라고도 한다. 약자는 MOX-옮긴이)로 민간 경수로에서 핵분열될 수 있다. 이것은 민간 원자로에서 플루토늄의 양을 증가시키기 때문에 바람직한 일이 아니다. 더욱이 원자로용해가 발생한다면 매우 위험한 다량의 플루토늄이 사방으로 분산될 것이다. 더 나아가 혼합산화물 연료의 생산은 핵무기 물질로부터 플루토늄의 재처리를 요구하는데, 이는 방사능이 높은 매우 위험한 과정이다.

2. 초과량의 플루토늄은 고속로 내에서 '핵변환' 또는 '핵분열' 되어 50만 년이 아니라 600년간 지속되는 핵분열 생성물로 전환될 수 있다. 이것은 핵폭탄의 연료로는 사용될 수 없지만 지극히 높은 방사성을 지니고, 의학적으로 위험하며, 플루토늄에 비교될 만큼 먹이사슬에서 치명적인 생물농축(특정 물질이 생물체 안에 축적되어 농도가 증가하는 현상-옮긴이)이 이루어지므로 문제를 해결하지 않는

다. 그리고 600년은 인간의 입장에서 볼 때 여전히 매우 긴 시간이다. 게다가 그 플루토늄의 대다수는 잔여 플루토늄이 0.7퍼센트에서 1퍼센트 함유된 핵분열원소들로 전환된다.[9]

3. 증식로들은 더 많은 플루토늄을 증식(원자로에서 핵분열성 물질이 소비될 때 새로 생긴 중성자가 친물질에 흡수되어 새로운 핵분열성 물질을 만든다. 새로 생긴 것과 소비된 것의 비를 전환율이라고 부르는데, 이 값이 1보다 클 때 이를 증식이라 한다–옮긴이)하는 동안 전기를 생성하도록 이용할 수 있는데, 이것은 이미 언급한 것처럼 극히 위험한 기술이다.

4. 플루토늄은 고준위 방사성 폐기물과 혼합될 수 있다. 이는 매우 강한 감마선이 침입자를 방해하여 플루토늄에 접근하지 못하게 하려는 것이다.

5. 플루토늄과 우라늄의 혼합물인 혼합산화물 연료는 세라믹 펠릿으로 만들어지며, 지르코늄 또는 스테인리스 연료봉 내에 놓인다. 그리고 방사능이 매우 높은 사용후핵연료봉과 섞일 수 있다. 이 치명적인 결합이 깊은 땅속 저장 시설들에 놓인 육중한 실린더에 저장되면, 침입자들은 공간적으로 접근하기가 무척 어려울 것이고, 만약 접근이 가능하다 해도 강한 방사선을 쬐게 될 것이다.[10]

재래식 병기를 이용한 테러리스트의 공격을 생각하면, 적절한 핵무기를 만들기 위해 충분한 플루토늄을 훔치는 것은 단지 시간 문제일 뿐이다. 그 결과 우리는 핵 테러리즘의 시대로 나아간다.

플루토늄과 고도로 농축된 우라늄으로 넘치는 세계에서 부시 행정부는 결과적으로 불량국가들이 핵무기를 쉽게 손에 넣을 수 있을 뿐 아니라 이용 가능성을 높이는 핵무장 발전정책을 추구한다. 미국은 동시에 세 가지 모순된 입장을 채택했다.

· 미국은 비핵국가들까지 포함하여 적성국들에 대해 핵무기를 예방적으로 사용할 것이라고 말하면서 더 많은 핵무기를 조립하기 위하여 공격적인 상태로 나간다.

· 미국은 특혜 받은 소수를 제외한 모든 국가들이 핵무기를 만들지 않도록 추진한다.

· 미국은 핵에너지를 촉진하는 맥락에서 수십 개의 국가에게 원자력 기술과 원자력 연료에 대한 접근을 제공했다. 핵분열 과정들은 플루토늄을 만들며, 이는 재처리에 의해 분리되어 핵무기 연료로 전환될 수 있다. 부시의 제안은 미국에게 사용후핵연료를 줄 것을 포함하는데, 그 과정이 속임수 없이 보장될 수 있을지 명백하지 않다.

그리하여 유엔이 이란과 북한의 핵무기개발 가능성에 대해 강한 관심을 표명한 시점에도 러시아, 미국, 프랑스, 중국, 영국, 인도, 이스라엘과 파키스탄 8개국은 핵을 소유하며, 미국과 유엔이 이란과 북한에 강요하고 있는 권고들과 관계없이 자유롭게 핵무기를 비축하고 있다. 이러한 상반된 태도들은 핵분열 및 이와 관련된 핵무기 발전의 65년사에서 반드시 조명될 필요가 있다.

핵무기 생산의 간단한 역사

핵무기라는 용어는 여러 가지 다양한 폭탄을 포함하고 있는데, 그들 각각은 다른 폭발 메커니즘을 사용한다. 플루토늄이나 우라늄에 의해 연료를 공급받는 원자폭탄은, 화학적 폭발물을 활용한 내파의 방식을 이용하기도 한다. 원자폭탄은 둥근 핵분열 물질을 고성능 폭약의 금속 외피로 둘러싸서 만든다. 이 폭약이 폭발하면서 엄청난 압력으로 안의 핵분열 물질을 내파하고, 우라늄이나 플루토늄 같은 핵분열 물질의 밀도가 높아지면서 임계질량에 도달하여 수천 톤의 TNT 폭발과 동등한 폭발을 유발한다.

수소폭탄은 세 가지 구성요소로 만들어진다. 첫번째는 핵분열 반응으로 먼저 폭발하는 원자폭탄이며, 두번째는 중수소와 리튬으로 태양에서 일어나는 것과 유사한 핵융합 반응을 일으킨다. 그리고 폭탄의 우라늄 캡슐이 핵분열을 겪고 폭발할 때 3차 메커니즘이 있다. 수소폭탄은 수천 명의 군인을 전쟁에 동원하는 것과 비교할 때 상대적으로 비용이 저렴하지만, 그 폭발력은 TNT 수백만 톤에 달하는 메가톤급이다. 오늘날 대부분의 폭탄이 바로 수소폭탄이다.

1945년 미국은 원자폭탄을 만들었다. 첫번째는 삼위일체(Trinity)와 성령(Holy Ghost)이라 명명했는데, 1945년 7월에 뉴멕시코의 앨러머고도에서 폭파되었다. 두번째는 리틀 보이(Little Boy)라고 불린 우라늄폭탄으로 1945년 8월 6일 히로시마에 투하되었고, 세번째는 패트 맨(Fat Man)이라고 부르며 1945년 8월 9일 나가사키에 투하되었다. 리틀 보이와 패트 맨은 20만 명 이상을 살상했고, 핵의 대량 살육시대를 열었다.

미국은 제2차 세계대전 이후에도 계속해서 핵무기를 제조했다. 곧이어 그 기술을 개발한 러시아가 1949년 핵클럽에 가입했고, 영국과 프랑스, 그리고 중국이 이에 합류했다. 1970년 이 5개국은 장기간에 걸쳐 핵무기는 폐기되어야 하며, 단기간 동안은 그들만이 폭탄을 가져야 한다는 규칙을 결정했다. 따라서 다른 국가들은 핵클럽에서 배제되었다. 이러한 목적으로 그들은 핵무기확산금지에 관한 조약(NPT: Nuclear Non-Proliferation Treaty)의 밑그림을 그렸다. 이 조약은 핵보유국은 무장해제하고 핵무기를 보유하지 않은 나라는 핵무기를 진전시킬 수 없다고 진술한다. 그리고 그 보상으로서 비핵국가들은 '평화적인 원자력 기술(연구로, 원자력발전소, 원자력 기술)' 에 대한 접근이 가능해졌다. 그러므로 NPT는 비핵국가들에게 핵무기 생산을 금지하는 동시에 본질적으로는 그 능력을 주게 되는 것이다.

NPT 6항에 의하면 핵무장국 역시 더 이상 핵비축을 증대하지 않고, 폐지를 보증하기 위해 정직하게 협상할 의무가 있었다. 하지만 NPT에 서명한 1970년 이후에도 핵무기 보유국들은 이와 정반대되는 일들을 계속해 왔으며, 그들의 핵비축은 상당량 증가했다.[11]

오늘날 세계 핵확산의 전반적인 상태는 아래와 같다.

· 현재 18개국이 우라늄 농축시설을 소유하고 있으며, 이 시설들에서 핵무기의 연료인 고농축 우라늄을 생산할 수 있다. 이 국가들은 파키스탄과 프랑스, 영국, 미국, 남아프리카공화국, 캐나다, 아르헨티나, 브라질, 호주, 중국,

인도, 일본, 카자흐스탄, 그리고 러시아이다.[12] 이스라엘과 북한이 현재 우라늄 농축시설을 소유하고 있는지는 분명하지 않다.

· NPT의 법적인 후원 하에 7개국이 지금 작은 연구로들을 가지고 있으며, 이들 대부분은 핵무기 생산에 적절한 고농축 우라늄으로 가동된다.[13] 이 작은 연구로들도 플루토늄을 제조하는데, 플루토늄은 연구로의 작동 후에 유용한 핵폭탄 물질을 만든다. 민간 원자력발전소들은 대부분 핵무기에 부적절한 저농축 우라늄을 연료로 공급받는다. 그러나 그 발전소들도 연간 200킬로그램 이상의 플루토늄을 제조한다. 원자로급 플루토늄으로 핵무기를 만드는 것이 거의 불가능하다는 주장도 있지만, 미국은 1962년 그런 핵무기를 시험했고 결과는 성공이었다.[14] IAEA 임원인 모하메드 엘바라데이(Mohamed Elbaradei)는 이런 상황을 몹시 우려하며, 광범위하게 분포된 이런 핵시설들이 '잠재된 폭탄제조 공장들'이라고 지적한다.[15]

· 미국, 영국, 프랑스, 러시아, 인도, 파키스탄, 이스라엘, 중국, 그리고 북한 등 9개국이 지금 핵무기를 보유하고 있으며, NPT에 서명한 원래의 5개국에서 4개국이 증가했다.

· 엘바라데이는 10년 이내에 40개 국가가 핵무기 생산능력을 가질 것이라고 예측했는데, 이것도 낮게 평가된 것일 수 있다.[16]

· 미국은 1만500개의 핵탄두를 가지고 있다. 러시아는 2만개, 이스라엘은 110개에서 190개 또는 그 이상을 보유한

다. 중국은 400개, 프랑스는 450개, 영국은 185개, 인도
는 65개, 파키스탄은 30~50개, 북한은 2~9개를 보유하
고 있다.[17]

많은 나라들이 지금 원자력 기술에 접근하고 있는데, 대다수
국가의 기술자들이 주로 핵무장 국가인 미국에 의해 원자력 기술
을 교육받고 있다. 예를 들면 1955년과 1974년 사이에 1100명
이상의 인도 과학자들이 미국 핵시설들에서 정교한 핵교육을 받
았다.[18]

결론적으로 미국이 훨씬 더 많은 핵무기를 제조하는 동안 현
재 스스로 핵비축을 진전시킬 수 있는 70개의 국가들이 무장해
제를 거부하는 '핵클럽'을 관찰하면서 자극을 받고 있다. 한편
미국과 러시아는 아직도 일촉즉발의 경계태세로 수천 개의 핵무
기를 관리중이다. 보유 핵탄두 중 발사모드로 관리하는 핵무기
가 러시아는 2500개, 그리고 미국은 5000개 이상이다. 이는 수
소폭탄들이 항상 미사일에 탑재되어 발사모드로 유지되며, 각국
대통령으로부터 명령이 오면 수분 내에 핵전쟁이 시작될 수 있음
을 의미한다.

더욱이 현재 초기 경보체계는 너무 부실해서 핵전쟁은 고의
가 아니라 우연히 일어날 수도 있다. 실제로 러시아의 초기 경보
체계는 노쇠하고 고장이 잦아 경보위성들이 작동하지 않을 수 있
기 때문에 오랫동안 감지하지 못할 수 있다. 미국이 아직도 러시
아보다 핵무기를 먼저 사용하려는 핵전쟁 전략을 유지하기 때문
에 이는 매우 위험한 상황이다. 결과적으로 러시아인들은 미국
이 핵공격을 할 것인지의 여부와 그 시기를 전혀 알지 못한다.[19]

1995년 1월, 보리스 옐친(Boris Yeltsin)은 노르웨이 기상 위성로킷을 러시아에 대한 공격으로 오인하고 3분 안에 미국을 파괴할 수 있는 핵 무기버튼을 누를 뻔했다. 이는 실로 경악할 만한 상황이었다.[20] 미사일이 발사로부터 땅에 떨어지기까지 30분밖에 걸리지 않기 때문에, 그리고 공격이 실제 상황인지 아닌지 핵 명령과 통제를 결정하는 데 15분이 걸리기 때문에 러시아와 미국 대통령 모두 발사를 결정하는 데 불과 3분이 주어질 뿐이다.

이런 상황을 배경으로 하면, 부시 정권은 매우 도발적이고 위험한 정책(NPT를 위반하고 다른 국가들을 핵무기 확산으로 이끄는 정책)을 채택해온 것이다. 예를 들면 냉전이 끝났음에도 의회는 2000년 미국 에너지부 내에 새로운 준독자적 기관인 국가원자력보안청을 세워 새로운 핵무기의 발전과 생산을 감독하도록 했다. 로스앨러모스국립연구소는 냉전이 종결된 이후 원자폭탄의 첫번째 방아쇠로서 핵과학자들이 '피트(pit)' 라고 부르는 미세하게 연마한 플루토늄 구(sphere)를 생산해냈다. 로스앨러모스국립언구소는 1넌에 30개에서 40개의 피트를 생산힐 능력을 가지고 있으며, 미국 에너지부의 한 연구계획은 매년 500개의 새 수소폭탄을 만드는 것으로, 이는 냉전시대의 속도에 필적한다.

수소폭탄의 융합 메커니즘을 위해서는 삼중수소(방사성 수소)를 필요로 하기 때문에, 미국은 지금 테네시에 있는 테네시 와츠바 상업용 원자력발전소에서 삼중수소를 생산하고 있다. 이 삼중수소는 사우스캐롤라이나에 있는 사바나 강으로 보내져서 새로운 삼중수소 추출시설들에 의해 추출된다. 이것은 미국에서 핵무기용 삼중수소가 생산되었던 1992년 이후 첫번째이며, 미국

내에서 민간회사와 군수산업체들이 결합한 극히 드문 시기 중 하나다.[21]

전략적 입장에서 부시 행정부는 개정된 계획의 초안을 그렸다. 그것은 군대사령관들이 대량 살상무기를 이용하려는 국가나 테러리스트 집단의 공격을 방어하기 위해 핵무기를 이용할 수 있도록 대통령의 승인을 요청할 수 있게 한 것이다. 결국 군사령관들에게는 알려진 적의 화학적 무기, 생물학적 무기 또는 핵무기의 저장을 파괴하도록 핵무기의 이용이 허용될 것이다. 그 문서는 핵무기들을 이용하도록, 그리고 '대량 살상무기의 이용에 대항하거나 보복이 필요하다면' 그것들을 사용할 수 있도록 결정해야 한다고 말한다. 미국은 항상 핵무장 국가들에 대항하여 '핵무기의 선제공격' 정책을 유지해 왔다. 그런데 지금은 이 전략이 처음으로 비핵국가들에게도 적용되고 있다. '개정된 계획'은 2002년에 처음으로 백악관이 밝힌 선제 핵전략을 반영한다.[22] 이 전략이 이라크 침략전에 있었다면, 핵공격은 이라크의 가상적 대량 살상무기를 '빼내기 위한 것'으로 정당화되었을 수 있다.

이 문서의 불안한 다른 특징들은, 대량 살상무기가 없는 국가들에 대해서도 핵무기를 이용하는 권한을 포함한다. 이것은 잠재적으로 강력해질 비핵의 적들을 반격하는 것, 미국의 입장에서 전쟁을 신속히 종결하도록 보증하는 것, 또는 "미국과 다국적군의 군사행동에 대한 성공을 확실하게 하는 것"을 의미한다. 또한 그 문서에는 미 국방부가 가장 가능성 있게 핵무기가 이용될 것이라고 생각하는 세계의 일부 지역들에 대한 핵무기 배치를 승인하는 내용이 있다. 그 문서는 군대들이 항상 핵전쟁에 대해 훈련받아야 한다고 주장한다.[23] 2004년 의회의 투표로 땅을 관통하는 핵 벙커버스터(bunker buster)에 대한 연구를 중지하도록 결정했는데도 이 문서는 계속적인 발전을 요청한다. 그리고 미국 상원은 2005년 7월 그 벙커버스터를 부활시키도록 투표로 결정했다.[24]

세계에서 가장 강력한 국가가 전략과 진행중인 무기 발전을 결합하고 있기 때문에, 많은 나라들이 핵비축을 추진하고 있는 것은 전혀 놀랄 만한 일이 아니다. 맨해튼 프로젝트의 원래 구성원이었던 요세프 로트블라트(Joseph Rotblat)는 도덕적 견지에서 그 프로젝트를 그만둔 인물인데, 2005년 8월 사망하기 전에 다음과 같이 명료하게 지적했다. "군사적으로 그리고 경제적으로 세계에서 가장 강한 국가인 미국이 자신의 안보를 위해 핵무기가 필요하다고 느낀다면, 실제로 취약하다고 느끼는 국가들의 안보를 어떻게 부정하겠는가?"[25]

8.
원자력과 불량국가들

불량국가의 정확한 정의가 수초 내에 수백만의 사람들을 기화시켜버릴 핵무기들과 핵생산 능력을 소유한 나라라면 현재 여덟 개나 아홉 개 국가가 거기에 속한다. 즉 미국, 러시아, 프랑스, 중국, 영국, 이스라엘, 인도, 그리고 파키스탄이 그들이다. 북한은 두 개에서 아홉 개의 핵무기를 보유하고 있을 것이다.

미국과 러시아는 현재 전 세계 핵무기의 대다수(핵폭탄의 전체 비축량 3만 개 중 97퍼센트)를 보유하고 있다. 이 두 국가는 계속하여 서로 방심하지 않고 감시하면서 '일촉즉발로' 수천 개의 엄청난 무기들을 유지한다. 그들 사이의 핵전쟁은 수십억의 사람을 죽일 것이며, 핵겨울을 초래하여 북반구에서는 확실하게, 그리고 남반구에서도 대부분의 생명체들을 멸종시킬 것이다. 그런데도 우리는 그들을 불량국가 명부에서 삭제하자고 고집한다.

현재 우열을 다투며 핵개발 능력으로 핵비축을 경쟁하는 이런 국가들에게 원자력발전소는 완벽한 엄호물을 제공한다. 에너지를 위한 우라늄 농축에서 원자폭탄 연료에 적절한 고농축 우라늄의 생산까지, 또 사용후핵연료에서 원자폭탄 연료로 적합한 플루토늄을 재처리하는 데까지는 단지 짧은 단계가 있을 뿐이다. 원자력발전과 관련한 대부분의 원자력기술은 무기생산에 이용되도록 전환할 수 있다. 예를 들면 북한은 연구용 원자로에서 얻은 플루토늄을 이용하여 최소한 두 개의 핵무기를 만들었을 것이다.

많은 국가들은 핵을 가진 자들의 절대적인 권력 행사와 오만함에 분노하고 있다. 이란의 새 대통령으로서 최근 활발하게 우라늄 농축시설들을 진전시키고 있는 마흐무드 아흐마디네자드(Mahmoud Ahmadinejad)는 미국에 대해 다음과 같이 말했다.

"우리의 원자력 활동을 의심한다고 말하는 당신은 누구인가? ……이란이 원자력 기술을 가질 수 없다고 말할 권리가 당신에게 있다고 생각하는가? 책임을 뒤집어써야 할 자는 오히려 미국이다."[1] 베네수엘라의 우고 차베스(Hugo Chavez) 대통령 또한 최근 유사한 반응을 보였다. "핵에너지를 발전시킨 일부 국가들이 제3세계로 하여금 그것을 개발하지 못하도록 할 수는 없다. 우리는 핵보유국처럼 원자폭탄을 개발하는 나라가 아니다."[2]

이 장에서는 이란과 북한 외에, 핵연료주기의 다양한 구성요소들을 이용하여 핵무기를 비축한 핵보유국의 세 가지 종류를 살펴볼 것이다. 이스라엘은 용도에 맞게 특별히 고안한 원자로에서 발생한 플루토늄으로부터 매우 많은 핵비축을 진전시켰고, 인도는 중수원자력발전소(heavy water nuclear power plant)로부터 핵을 비축했으며, 파키스탄은 주로 우라늄 농축시설에서 핵무기들을 발전시켰다.

이 란

NPT에 따라 이란은 평화적 용도를 위한 우라늄 농축 프로그램, 다른 말로 하면 원자력발전소 이용을 위해 3퍼센트까지 농축될 우라늄 235를 제조할 수 있는 권한이 있다.

과거에 미국은 이란이 원자력 프로그램을 진전시키도록 활발하게 장려했다. 그리고 그 프로그램들을 공급할 의지가 있는 회사들도 부족하지 않았다. 미국 원자력산업계가 원자로 수출을 추진한 것은 어제오늘의 일이 아니다. 영국 의회의 전 의원인 토니 벤(Tony Benn)은 《가디언*Guardian*》에 다음과 같이 썼다. "여러해 전 미국이 왕위에 앉혔던 샤(shah) 국왕이 정권을 잡았을 때, 영국 에너지부 장관이었던 나는 그에게 원자력발전소들을 팔라는 거대한 압력을 받았다. 그것은 자신들의 원자로를 판매하고자 하는 웨스팅하우스와 협력한 원자력공사(the Atomic Energy Authority)에 의한 것이었다."[3] 이란이 당시 이 원자로들을 건설했다면 오늘날 그들은 핵무기들을 보유하고 그들의 원자력발전소에서 플루토늄을 만들고 있을지도 모른다.

이제 이란은 다시 한 번 핵의 시류에 편승하고자 한다. 2005년 9월 17일 새 이란대통령 아흐마디네자드는 유엔연설을 통해 이란은 평화로운 원자력에너지를 추구할 권리를 포기하지 않을 것이라고 말했다. 그리고 실제로 러시아가 현재 이란의 부세르에 원자력발전소를 건설하고 있다.

물론 충분한 양의 석유를 생산하는 이란이 원자력을 원하는 것은 이상하게 보일지도 모른다. 샤 국왕이 정권을 잡았을 때도 이런 질문을 많이 받았을 것이다. 이란의 농축 프로그램은 이라크와 전쟁 중이던 1985년에 시작되었다. 당시에는 원자력 프로그램이 진행되지 않았으므로 연료를 제공할 필요가 없었음에도 이란은 우라늄 농축을 진행하기로 결정했다.

우라늄을 농축하기 위해 1995년 개량형 원심분리기 설계도들을 받았으나 실제로 이란이 언제 우라늄 농축을 시작했는지는 분명하지 않다. 이란은 2003년이 되어서야 비로소 원심분리기 부품을 사용한 농축실험을 시작하였다고 주장한다.[4] IAEA 사찰단이 이란의 우라늄 농축 시도를 발견한 2003년에도 이란의 관료들은 협조적이지 않았다. 그렇지만 영국의 국제전략연구소(International Institute for Strategic Studies)가 2005년 9월 발표한 바에 의하면, 이란이 하나의 핵무기를 만들 수 있는 충분한 양의 고농축 우라늄을 생산한 지는 적어도 5년이 지났다. 그러나 이것은 이란이 국제적 비난과 경고를 무시한 경우에만 가능한 일이었다. (보고서는 국제공동체에게 "이란이 모든 제한을 포기하고 국제적 반향에 상관없이 핵무기 개발능력을 계속 구하지 못하도록 조심스럽게 국제외교를 적용할 것"을 권고했다.)[5]

현재까지도 사찰단들은 이란이 핵무기를 생산했다는 명백한 증거를 발견하지 못했다. 2005년 9월 IAEA 보고서에 따르면, 2년 반의 열성적인 조사에도 불구하고 이란 핵 프로그램의 주요한 요소들은 베일 속에 가려져 있다. 이란의 어떤 장소들에 수상쩍은 우라늄 오염에 대한 새로운 정보가 있다고 하지만, IAEA는 이란이 비밀스런 핵 프로그램을 진전시키고 있는지의 여부를 말할 입장이 아니라고 진술한다.[6]

2005년 11월 18일 IAEA의 또 다른 보고서는, 이란이 원자폭탄의 중심부분을 개발하는 지침들 가운데 일부가 수록된 문서를 IAEA에 제공했다고 밝혔다. IAEA 주재 미국대사인 그레고리 슐테(Gregory Schulte)는 이러한 문서가 무기화에 대한 의심을 높인다고 지적했다. 반면에 외교관이자 미국의 핵전문가인 과학 국제안보연구소(Institute for Science and International Security) 데이비드 올브라이트(David Albright)는 그 지침들이 원자폭탄 중심부의 생산에 이르는 것이 아니었다고 조심스럽게 말한다. 이란인들은 이란이 그 핵무기 설계도를 요청하지 않았으며, 단지 파키스탄 핵과학자인 압둘 카디르 칸(Abdul Qadeer Khan)이 만든 핵의 암시장과 관련된 사람이 이란인들에게 준 것일 뿐이라고 주장했다.[7]

이렇게 부정확한 정보에도 불구하고 부시 행정부는, 우라늄 농축 프로그램에 대한 의혹을 해소하지 못하는 이란의 태도가 유엔안전보장이사회에 회부되어야 한다고 완강하게 주장했다. 미국의 이런 태도는 이라크 침공 전 대량 살상무기의 증거로 설득력 없는 근거를 제시했던 과거 이라크 사례와 유사하다. IAEA에 속한 많은 국가들은 이런 조지를 지지하시 않았나. 그러나 미국과 그의 견고한 동맹인 영국과 프랑스, 독일의 비정상적인 압력 하에 그리고 극도의 적개심을 드러내는 논쟁 후에(이는 최악의 분위기였다) IAEA 이사회는 2005년 9월 24일 결국 기권 12표, 22대 1로 이란을 유엔안전보장이사회에 회부하도록 하는 내용의 결의안을 승인했다. (러시아는 다섯 개 이상의 상용로 판매가 현안으로 걸려 있었고,[8] 중국은 광범위한 경제적 이해관계가 얽혀 있었기[9] 때문에 표결에서 반대가 아니라 기권하도록 설득되었다.)

IAEA가 이란의 유엔안전보장이사회 회부를 꺼려했던 것은,

이라크가 대량 살상무기 소유건으로 유엔안전보장이사회에 회부되었을 때 영국과 미국이 이라크를 침공할 정당한 구실을 부여받았기 때문이다.[10] 그리고 지금 부시 행정부는 결국 이란에 대한 주요 공격들을 준비하고 있다. 네브래스카에 있는 미국 전략사령부(STATCOM)에서 광범위한 계획들이 이미 진행중인데, 그들은 이란에 400개 이상의 전략적 표적들이 있다고 추정한다. 여기에는 의심스러운 지하 핵무기 개발장소들도 포함되어 있다.[11]

이란에 대한 공격계획은 공습과 폭격, 특수부대의 기습 또는 이란의 반대세력, 즉 현 정권에 대한 저항세력인 모자헤딘 할크(MEK)에 의해 수행되는 전면적인 대리전쟁을 요구한다.[12] CIA와 미국 특수작전부대(SOF: Special Operation Forces)는 숨겨진 이란의 핵시설들을 확인하기 위해 '프레데터(Predator: 미국 공군의 최첨단 무인정찰기 겸 공격기-옮긴이)라는 무인첩보기를 이란 영토 안으로 보내 수집활동을 해 왔다. 《뉴요커 *The New Yorker*》의 시모어 허쉬(Seymour Hersh)에 따르면 "프레데터의 목적은 정확한 공습과 특수부대에 의해 단기간에 파괴될 수 있는 30개 또는 그 이상의 목표물들을 확인하고 고립시키는 것이다."[13]

군사분석가인 윌리엄 아킨(William Arkin)은 아마도 미국 중부사령부(CENTCOM)가 이란 내부와 그 해안지역으로 전자 감시 정찰기들과 잠수함들을 보내, 이란의 대공(對空) 방어체계와 해안 방어체계들을 엄밀하게 조사하고 있을 것이라고 말했다. 이 군사훈련은 공격목표물인 이란의 레이더들을 탐지한다. 미국은 2003년 이라크 침공을 준비할 때도 이 절차를 밟았다.[14] 이 정보는 이란 공격 시 전략적 개념들과 타격계획에 긴요하게 이용될 것이다. 2005년 2월 22일 부시 대통령은 벨기에에서 다음과 같이 말했다. "미국이 이란을 공격할 준비를 하고 있다는 주장은 한마디로 터무니없는 것입니다. ……모든 선택들이 검토중입니다."[15]

도널드 럼스펠드(Donald Rumsfeld)는 2004년 여름, 미군이 적대적인 국가들, 특히 대량 살상무기를 개발하고 있는 이란과 북한을 공격할 신속성을 유지하도록 관리하는 최고기밀인 '임시 전 세계 공격명령(Interim Global Strike Alert Order)'을 승인했다. 이 지구적 공격은 핵무기의 사용을 포함하는 것이었다. 이를 위해 2003년 11월 완성된 CONPLAN 8022-02인 전략사령부 컨틴전시플랜(contingency plan)은, 이란과 북한에 대하여 재래식 무기나 핵무기를 통한 선제공격이었다.[16]

핵관련 능력을 개발하도록 이란을 원조했던 미국이 이제는 핵무기로 이란을 공격할 계획을 가지고 있다. 혹자는 미국이 이라크를 침공했듯이 이란을 침공하고자 하는 이유를 물을 수도 있다. 이에 대한 대답은 이란의 석유일 수도 있고, 또 다른 대답은 이스라엘일 수도 있다. 미국 국방부 관료들은 이란을 공격하는 계획안에 참여하도록 이스라엘 담당자들을 계속 만났다. 그리고 2005년 1월 체니 부통령은 이란이 핵무기개발을 진행한다면 "이스라엘은 당연히 첫번째로 행동할 것이다"라고 확실하게 말했다.[17]

만약 비극적 상황이 발생해서 이란이 핵무기를 개발하지 않은 것으로 판명됨에도 불구하고 미국과 이스라엘이 이란의 원자력 시설들을 공격한다면, 막대한 양의 방사성 물질이 대기로 솟아올라 이란과 그 주변국들을 오염시키고 말 것이다. 이런 방사능 낙진은 암과 백혈병, 그리고 유전적 질환을 유발하여 수년 동안 막대한 의학적 대재난과 전쟁범죄의 후유증을 남기게 된다. 만약 미국이 이란의 핵시설들에 대해 핵무기를 사용한다면 방사능 낙진은 상상을 초월할 만큼 증가할 것이다.

여하튼 원자로에 관한 불투명한 근거에도 불구하고 비핵국가들을 괴롭히는 위선적 행위는 명백하다. 미국과 다른 핵보유국들은 면책으로 자신들의 핵관련 활동들을 숨긴다. 이에 반해 이란은 같은 이유로 침공을 받는 것이 당연시된다. 아흐마디네자드가 2005년 9월에 지적한 것처럼 "미국인들은 매일 핵무기를 보유한 다른 나라들을 위협하고 있다. 그러나 그들은 결코 조사받지 않는다." 또한 그는 서구의 여러 나라가 "자신들의 힘과 부에 의존하여 전 세계에 위협과 불법의 풍토를 강요한다"고 비난했다.[18]

북한

원자력과 핵무기에 관련된 북한의 상황은 2005년 11월 현재 과거 몇 년간에 비해 무척 평화로운 지점을 지나고 있다.

1993년 3월 IAEA는 북한이 공개한 것보다 더 많은 사용후핵연료를 재처리함으로써 플루토늄을 생산하였다고 진술했다. 국제적으로 신뢰를 잃고, 외양상 주권적 침해까지 당한 북한은 NPT를 탈퇴할 것이라고 발표했다. IAEA 사찰단들은 플루토늄 또는 고농축 우라늄을 핵무기로 전환하고 있는지의 여부만 확인하도록 입국이 허용되었다. 워싱턴은 당시 북한이 두 개의 조잡

한 핵무기를 만들기에 충분한 플루토늄을 추출했다고 믿었다.[19]

이런 막다른 골목은 클린턴 정권과 북한의 양자간 협상이 주선되었을 때 완화되었다. 1994년 10월 2일 양국은 제네바합의(Agreed Framework)를 작성하여 발표했다. 북한은 핵 프로그램을 동결한다. 즉 5메가와트의 영변 원자로를 닫고, 두 개의 플루토늄 생산 흑연 원자로의 공사작업을 중단한다. 대신 북한은 두 개의 경수형 원자로발전소를 받을 것이며, 이는 국제 컨소시엄에 의해 건설될 것이다. 그 외에도 북한은 원자로 건설에 앞서 매년 혹심한 추위에 도움이 될 난방용 중유 50만 톤도 약속받았다.[20]

그렇지만 부시 정권은 처음부터, 한반도의 평화와 화해의 개막에 대해 적대적이고 도발적인 자세를 채택했다. 중요한 외교의 시작이 2000년 6월 15일, 남한의 김대중 대통령과 북한의 김정일 국방위원장이 화해와 평화를 향해 평화협정에 서명했을 때 태동했다. 하지만 남한의 대통령이자 노벨평화상 수상자가 취임 이후 조지 부시 대통령을 방문했을 때, 김대중 대통령은 부시와 그의 참모진들에게 냉대를 받았다. 어느 누구도 그를 만나려고 하지 않을 때 특히 그러했다. 김대중 대통령은 당시 북한과 남한 사이의 무역과 소통, 신뢰, 시민들의 교류에 대해 개방하도록 북한과 조용한 협상들을 지속하고 있었다.[21] 이러한 상황에서 김대중 대통령에 대한 냉대는 동시에 북한에 대한 모욕으로 해석될 수밖에 없었다. 부시 대통령이 2002년 연두국정연설에서 북한과 이란, 이라크를 '악의 축(axis of evil)'이라고 호전적으로 비난했을 때 문제는 더욱 악화되었다.[22]

결국 2002년 10월 부시 정권이, 북한이 핵무기를 위한 농축 우라늄을 생산한다고 비난했을 때 제네바합의는 깨지고 말았다. 그러나 제네바합의는 북한이 경수로 완공 후에 플루토늄 생산 흑연 원자로들을 해체하며, 다른 연관된 활동들을 보류할 것이라고 명확히 진술하고 있다. 원자로들을 위한 기공식 행사를 하였음에도 경수형 원자로발전소들은 건설되지 않은 상태였다. 북한은 제네바합의 안에서 프로그램을 운영하고 있었다.[23]

미국의 도발적인 행동에 대한 앙갚음으로 북한은 2003년 영변의 5메가와트 연구로를 재개하며 IAEA 사찰단을 추방했고, 플루토늄을 얻기 위해 사용후핵연료를 재처리했다고 발표했다.[24] 그러자 부시 정권은 제네바합의를 종결하고, 클린턴 정부에서 수립된 양자협상들로부터 발을 빼면서 북한이 사용후핵연료의 재처리를 멈추도록 압박했다.

그러나 국제 공동체는 부시 정권의 이런 도발적인 움직임에 대해, 북한이 핵무기 비축을 진전시킴으로써 보복을 하지 않을까 걱정하며, 협상에 다른 국가들을 포함시키도록 미국에 강한 압력을 가했다. 부시 정권은 이를 반대했으나 결국 북한과 미국, 그리고 중국, 일본, 러시아, 남한이 참여하는 6자회담이 조직되었다. 1차 6자회담은 2003년 8월에 개최되었다. 여기서 북한은 논쟁적이었으며, 그들의 목적은 미국과 직접적으로 불가침조약을 협상하는 것이었다.

수년째 계속되고 있는 6자간 협상에서 미국과 북한은 아직도 기본적으로 언쟁하고 있다. 미국 국무부 군축담당 전 차관인 존 볼튼(John Bolton)은 대결과 독설적 호칭의 전략을 활용했다. 하지만 결국 국무부장관으로 임명된 라이스(Condoleezza Rice)가 6자회담에 개입했고, 뒤이어 크리스토퍼 힐(Christopher Hill)

차관보가 협상하도록 지명되었다. 부시 대통령은 김정일 위원장을 더 이상 폭군(tyrant)이라고 부르지 않았고, '악의 축'이라는 표현도 버렸다.[25]

하지만 북한은 계속 호전적인 태도를 취하면서 간헐적으로 회담을 결렬시켰기 때문에 위와 같은 미국의 조치는 북미 상호간에 형성된 적개심을 제거하지 못했다. 2005년 2월, 북한이 자신들은 방어용으로 핵무기를 가졌으며, 미국이 적대행위를 멈출 때까지 대화에 복귀하지 않을 것이라고 전 세계에 선언했을 때 타협의 여지는 거의 없어 보였다.[26]

그러나 6자회담은 전문적인 협상과 집요한 외교적 수완으로 상호간에 수락할 수 있는 조건을 만들어냈다.[27] 2005년 9월 19일 4차 6자회담 결과, 북한은 모든 핵무기와 기존의 핵무기 프로그램을 포기하는 대신 민간 원자력발전소와 경제적 원조, 안보에 대한 약속, 각자의 정책에 따른 미국과의 관계 정상화, 그리고 남한으로부터의 대량의 전기공급 등을 약속받았다. 이것은 북한이 NPT에 다시 가입하고 IAEA 사찰단의 재입국을 허용하느냐에 달린 문제였다.[28]

의미심장하게도 미국과 북한은 상대방의 주권과 권리를 존중하고, 평화로운 공존과 관계 정상화를 위해 협력해 나가기로 동의했다. 이러한 합의들은 두 국가 사이에 충분한 외교관계가 성립되지 않은 상태이고, 한국전쟁 이후 평화협정에 서명하지 않았기 때문에 시사하는 바가 더욱 크다.

이스라엘, 인도, 그리고 파키스탄

이스라엘과 인도, 그리고 파키스탄은 NPT에 서명하지 않으면서 핵개발 능력을 지닌 국가들이다. 그들은 비밀스런 핵비축을 진전시켰으며, 결코 IAEA의 사찰을 허용하지 않았다. 그들이야말로 국제법을 지키지 않는 불량국가들이자 무법자들이다.

이스라엘

이스라엘은 네게브 사막에 세워진 디모나의 중수로에서 플루토늄을 제조하여 핵비축을 진전시켰다. 프랑스의 도움으로 건설된 이 원자로는 1964년부터 가동되었다. 분명히 말하자면 이 원자로는 원자력발전소가 아니라 폭탄제조 공장이다. 이스라엘은 반복적으로 부인하고 있지만, 많은 전문가들은 이스라엘이 100~400개 정도의 핵을 보유하고 있으리라고 본다.[29]

2005년 9월 28일 이집트는 IAEA 비엔나 회의에서 중동지역이 비핵지대가 되어야 한다고 제안했다. "이스라엘은 NPT 체제와 핵무장해제의 합법적 체제에서 벗어나 있다. ……신뢰를 회복하기 위해 이스라엘은 핵무기 보유를 자발적으로 포기하고, 대량 살상무기가 없는 지역을 만들기 위해 IAEA의 충분한 확인을 받도록 동의해야 한다."[30] 이것은 이스라엘이 핵비축을 인정하고 IAEA의 사찰을 받도록 하려는 시도였다.

하지만 이런 노력은 이란과 북한 같은 나라에 엄격하게 부과되는 국제법들을 이스라엘에 요구하는 것이 무의미하다는 것을 증명할 뿐이었다. 예측한 대로 이스라엘은 이 제안을 거부했다. 이스라엘이 비밀스런 핵보유국이면서도 미국과의 밀접한 동맹관계 덕분에 핵사찰을 피해가는 것과 달리, 미국이 증명되지 않은 핵무기 프로그램으로 이란을 비난하기 때문에 아랍 국가들은 당연히 이란에 대한 IAEA의 강요에 분개한다. 그럼에도 이스라엘의 원자력위원회 의장은 아랍의 발의가 "정치적으로 그리고 냉소적으로 유발된 동기에 기인한 것이다"[31]라고 비난하며, 이스라엘을 핵국가로 몰아붙이려는 시도라고 일축했다.

결론적으로 이스라엘의 핵비축은 현명한 일도 아니고 단지 위험한 일일 뿐이다. 이스라엘의 핵보유는 이웃 아랍 국가들에게 매우 자극적이다. 그리고 그것은 이스라엘에게도 위험하다. 왜냐하면 이스라엘의 폭탄들이 아랍 국가들로 하여금 폭탄을 만들도록 활발하게 자극할 것이기 때문이다. 이스라엘에 한두 개의 핵폭탄이 떨어지면 이스라엘은 흔적도 없이 사라질 것이다. 거대한 재래식 무기가 디모나에 타격을 가하는 것만으로도 잇달아 생기는 원자로용해가 수백만의 사람을 죽일 것이다.

이스라엘을 포함한 핵보유국들은 핵비축에 대하여 책임을 지고, NPT 6항에 따라 진지하게 무장해제를 시작해야 한다.

인 도

인도는 연구용 원자로에서 만든 플루토늄으로 첫번째 핵무기를 만든 후 점차 원자력발전소들에서 생산된 플루토늄을 이용해 왔다. 인도 역시 불량국가로서 IAEA에 가입하지 않았기 때문에 세계가 이란과 북한에 요구하는 국제 사찰 또한 허용하지 않고 있다. 더 나아가 인도와 미국은 인도-미국 핵협정이라는 부정한 핵동맹을 체결했다. 2005년 7월 18일 조지 부시 대통령과 만모한 싱(Manmohan Singh) 총리가 서명한 협정은, NPT 밖에서의 핵비축을 허용하고 민간 원자력발전에 필요한 핵기술과 장비, 연료 등의 제공을 뼈대로 하고 있다.

평화를 버리고 전쟁 준비를 하는 전형적인 사례로서, 인도는 영국과 캐나다, 그리고 미국으로부터 제공받은 원자력 물질들로 핵무기를 개발했다. 영국은 압사라에 있는 인도의 첫번째 연구로를 위해 상세한 설계도와 농축우라늄을 제공했다. 캐나다는 핵에너지를 만들도록 CIRUS 중수로를 공급했고, 미국은 중수를 공급했다. 1974년 인도의 첫번째 핵무기실험에 이용된 플루토늄이 바로 이 원자로에서 생산된 것이었다.[32]

그후 미국은 인도 타라푸르에 상업용 원자력발전소를 건설하도록 기금 등을 제공했고, 캐나다는 라와트바타에 두번째 발전소를 제공했다. 막대한 투자에도 불구하고 원자력은 현재 인도 전체 전기의 3퍼센트만을 제공하고 있는데, 이는 낙후된 풍차가 생산하는 양보다 적은 것이다. 인도의 원자로들은 세계에서 가장 오염이 심하며, 수백 명의 작업자들은 과량의 방사선량에 노출되고 있다.[33] 라자스탄 원자력발전소 인접 주민들을 대상으로 한 건강에 대한 과학적 연구결과, 선천성 기형과 자연 유산, 종양 발생률이 주목할 만큼 증가한 것으로 나타났다.[34]

인도는 핵에너지와 핵무기 연료를 모두 생산하는 발전소들을 통해 궁극적으로 65개의 핵무기를 보유하고 있으면서도 정작 다른 나라에는 세계 비핵화를 요구했다. 인도의 원자력 과학자 1100명 이상이 미국에서 핵 분야 전문교육을 받았고 숙련과정을 거쳤다.[35]

인도-미국 핵협정은 인도가 NPT에 서명하지 않은 국가임에도 인도의 핵비축을 용인했다. 그 대가로 인도는 민간용과 군사용 핵기술을 확인하여 분리하고, 총 22기 원자로 가운데 민간용 14기에 대해 IAEA 사찰단의 감시를 받기로 했다. 대조적으로 프랑스, 영국, 러시아, 그리고 중국은 민간용과 군사용 핵 프로그램을 전혀 분리하지 않았다. 그리고 미국은 매우 적은 소수의 원자로들만 IAEA 안전보장조치 검사를 받게 했다. 안전보장조치 체계는 위 강대국들이 합법적인 핵무기 소유자들이기 때문에 그들이 민간용에서 군사적 용도로 전환할 권리를 가지고 있다고 위선적으로 가정했다.[36]

이런 협정의 조항들에서 인도는 핵무기실험을 중단해야 할 의무를 지닌다. 그러나 이렇게 핵실험의 일시적 정지조항을 만들었어도 미국이 인도와의 나쁜 선례를 만들었기 때문에 그 효과나 취지는 무의미하게 될 것이다. 인도의 핵무기실험 중지와 대조적으로 미국 상원은 전쟁 혹은 평화를 위한 어떤 목적에도 불구하고 핵무기 폭발을 금지하는 포괄적 핵실험금지조약(CTBT: Comprehensive Test Ban Treaty)을 승인하지 않았고, 미국은 이미 네바다에서 임계치 이하의 부기들을 시험하고 있으며, 곧 임계치 이상의 실제적인 핵무기가 실험되리라고 예견된다.[37]

인도-미국 핵협정을 통해 미국은 우방 및 동맹국들과 함께 타라푸르 원자로에 신속한 연료공급을 하겠다고 약속했다. 그렇지만 미국은 1978년 법에 의해 핵무기 보유국에 대한 핵에너지 원조를 금지하고 있기 때문에 이 협정은 미국 의회법상 위법이다. 그리고 원자력공급국그룹(Nuclear Suppliers Group)이라고 부르는 국가들의 연합 또한 유사한 입장을 유지하고 있다.[38]

결국 인도-미국 핵협정은 우라늄 생산국들이 인도에 우라늄을 판매할 수 있도록 했다. 그리하여 규제되지 않는 핵무기 프로그램으로 전환되도록 풍부한 양의 우라늄이 인도의 내수용으로 공급되고 있다. 이 무책임한 협정으로 인해 인도는 2010년까지 추가적인 130개의 핵무기를 만들기에 충분한 플루토늄을 비축하게 될 것이다.

더욱이 인도의 상업적 사용후핵연료는 안전보장조치 하에 있지 않다. 인도는 지금 사용후핵연료에서 8000킬로그램의 원자로급 플루토늄을 보유하고 있는데, 이는 1000개의 핵무기를 만들기에 충분한 양이다. 지금 IAEA 사찰단이 주의 깊게 관리하지 않는다면, 인도는 미국과 러시아의 뒤를 이어 세계에서 세번째로 강한 핵무기 강대국이 될 것이다.[39]

미국이 인도와 위험한 협정을 하는 이면의 실제적인 이유는 무엇일까? 이 은밀한 협정은 인도의 내각과 안보위원회, 미국 국가안전보장회의와 국가안보자문회의, 심지어 에너지부의 감독조차 없이 싱 총리와 부시 대통령 사이에서 이루어졌다. 인도-미국 비밀 협정에 대한 유일한 사전 브리핑은 인도 주재 미 대사관에 의해 선정된 대중매체를 통해 보도되었을 뿐이다.[40]

미국은 인도가 중국에 대한 지역적인 평형추로서 세계열강으로 부상하기를 원한다. 미국의 사업계획은 인도에 대한 전략적 계획과 교차한다. 부시 대통령은 그 핵협정에 조인하며 "진보된 핵기술을 가진 책임 있는 국가로서, 인도는 다른 국가들과 같은 이점들과 혜택을 누려야 한다"고 말했다. 이 '이점들과 혜택'은 인도가 미국으로부터 150억 달러 가치가 있는 재래식 군사장비들을 구매하여 인도양에 있는 중국 잠수함들을 탐지하는 대잠수함 초계기와 중국 군대를 감시하기 위해 전략 요충지인 말래카 해협에서 작동하면서 인도의 공격용 군사력을 지원하는 이지

스 레이더들을 포함한다.[41]

이 협정 하에서 인도는 미국 기술을 가지고 이스라엘이 개발한 에로우 미사일 체계와 웨스팅하우스에 의해 제작된 신형 AP-1000 원자로들도 구매할 예정이다. 이런 맥락에서 인도의 싱 총리는 인도의 원자력발전에 대한 민간투자 역시 요청하였다. 이것은 인도의 전략적 이해관계와 국가안보, 주권과 독립성에 대해 중요한 영향을 지닌 것으로서, 미국 회사들에 문호를 개방하여 그들이 제3세대와 제4세대 원자로들을 인도에서 적극적으로 판매할 수 있게 하려는 포석이다.[42]

인도-미국 핵협정의 주요 의미는 아래와 같다.

· 미국은 인도의 비밀스런 핵무기 프로그램을 합법으로 인정함으로써 NPT에 서명하지 않았거나 핵무기의 비합법적인 생산에 연루된 국가들의 비밀스런 핵 프로그램들을 정당화할 새롭고 위험한 선례를 만들었다.

· 미국은 인도에게 중국을 '견제하는' 역할을 부과하고 있는데, 이는 인도와 중국 그리고 파키스탄 사이에 지속되고 있는 오래된 긴장에 다시 불을 붙일 수 있는 조치다.

· 수백만의 인도인이 간신히 생계를 유지하며 생존하고 있는 상황에서, 미국은 인도에게 대량의 군사장비를 구매하도록 장려하고 있다.

· 미국은 새로운 원자로를 구매하도록 요구하고 있으며, 위험한 제4세대 원자로들의 개발에 인도를 연루시키고 있다.

인도-미국 핵협정은 북한과 이란의 불법적인 무기 프로그램들과 맞서는 미국과 유엔의 노력들을 심각하게 훼손할 것이다. 이런 방식이라면 미국은 원자력기술과 개량된 재래식 무기체계들을, 비밀스런 핵무기를 생산할 수 있는 브라질, 남아프리카공화국, 남한, 대만, 그외 다른 국가들에게도 제공하겠다는 것인가?[43] 이 협정은 국제 공동체와 유엔에 의해 조심스럽게 협상되는 모든 국제적 핵안전보장조치 조약들의 적법성을 효과적으로 파괴했다.

파키스탄

파키스탄은 핵무기를 만드는 핵연료주기의 다양한 요소들을 이용했는데, 그것은 주로 우라늄 농축시설과 연구로에서 얻은 플루토늄이었다.

불법적인 핵무장 국가인 파키스탄과 인도는 북부 카슈미르에서 격렬한 전투가 계속되던 1999년 핵전쟁을 겪을 뻔했다. 표적에 도달하는 데 몇 분밖에 걸리지 않는 핵무장 미사일들은 방심하지 않고 서로를 감시하고 있지만, 버튼 하나로 언제라도 발사될 수 있다. 그런데도 양측 모두 적절한 초기 경보시스템을 보유하고 있지 않다.[44]

역사가 오래된 그들 상호간의 원한은 화해를 위한 여러 가지 조치에도 불구하고 여전히 폭발 직전에 있다. 파키스탄의 핵개발은 알리 부토(Ali Bhutto) 수상의 지시로 1972년에 시작되었으나, 인도가 핵실험을 한 1974년 이후부터 더욱 가속도가 붙었다. 독일에서 교육받은 금속공학자 압둘 카디르 칸은 1975년 자신이 일하고 있던 네덜란드의 한 회사에서 우라늄을 농축하는 데 사용되는 기체 원심분리기 기술을 훔쳐 귀국했다.[45]

칸은 파키스탄 카후타에 핵연구소와 관련 시설들을 설립하고 모든 권한을 위임받았다. 파키스탄의 우라늄 농축시설들을 개발하기 위한 자금과 기술을 얻기 위해 광범위하고 비밀스런 인맥이 형성되었다.[46]

1985년 파키스탄은 무기급 고농축 우라늄을 생산했고, 1986년에도 핵무기를 만들 수 있는 농축 우라늄을 생산했다. 1987년 첫번째 원자폭탄을 실험한 이후 파키스탄은 1998년까지 여섯 번의 핵실험을 했다. 인도가 1998년 5월에 무려 다섯 차례의 핵실험을 강행하자, 파키스탄은 그에 대한 대응이라고 경고한 이후 2주 동안 여섯 차례의 핵실험을 강행했다.[47]

파키스탄은 폭탄을 제조하기 위해 중국의 지원을 받았다. 중국은 서구국가들이 핵 수출과 지원에 보다 엄격했던 시기에 파키스탄 핵 기반시설의 발전에 중요한 역할을 했다. 1990년대에 중국은 무기급 플루토늄을 생산한 쿠샵 연구로를 위해 중수와 핵무기들 중 하나의 설계도를 공급했다. 중국은 고속 우라늄 원심분리기를 위한 부품들과 자스마 원자력발전소를 위한 기술석·물적 지원을 했고, 1990년대에는 재처리시설의 건설도 지원했다. 러시아와 서부 유럽도 군민(軍民)간 겸용의 핵장비들을 공급하여 파키스탄의 핵무기 프로그램에 기여했다.[48] 그 결과 파키스탄은 포괄적 핵실험금지조약(CTBT)에 서명하지 않았음에도 현재 30~50개의 핵무기를 지닌 도도한 핵보유국이다. 그리고 파키스탄은 선제공격이라는 핵무기 정책을 유지한다.[49]

경쟁적으로 핵무기를 증강해온 인도와 파키스탄은 1999년 정상회담을 열어 아탈 비하리 바지파이(Atal Bihari Vajpayee) 인도 총리와 나와즈 샤리프(Nawaz Sharif) 파키스탄 수상이 핵협정을 맺었다. 그들은 이 협정에서 신뢰 구축과 양자간 핵무기실험의 일시적 정지를 약속했다.[50] 그러나 이런 외교적 성과는 파키스탄이 카슈미르의 카르길을 침공함으로써 손상되고 말았다. 미국의 압력으로 샤리프는 군대를 철수했고, 1999년 10월 페르베즈 무샤라프(Pervez Musharraf)의 군사 쿠데타로 하야했다.[51]

이 두 국가 사이의 잠재된 대립은 인도아대륙(印度亞大陸)의 표면에서 결코 멀리 있지 않아 언제든지 폭발할 수 있다. 무샤라프 장군은 인도와의 충돌을 원하지 않지만, 핵보유국인 두 경쟁자 사이에 전쟁이 일어난다면 '전력'으로 대응할 것이라고 선언했다.[52]

한편 핵기술의 수입자인 칸 박사는 파키스탄 핵무기의 아버지로서 국가적 영웅이 되었다. 하지만 칸은 자신의 전문지식을 파키스탄에 한정하지 않았다. 그는 비핵국가들에게 기술과 장비, 그리고 핵무기 생산능력을 제공하면서 세계적인 암거래 조직망까지 운영했다. 2004년 1월 그는 이란과 북한, 리비아에 핵무기 관련기술을 제공했다고 증언했다. 이런 혐의로 칸 박사는 이슬라마바드에서 자택연금 중이다. 그럼에도 그는 여전히 국가적 영웅이며 무샤라프 대통령은 칸에 대한 사면을 승인했다.[53] 파키스탄 곳곳에는 그를 기념하는 동상들이 있다.

미국과 파키스탄의 역사는 변덕스럽다. 미국은 파키스탄이 핵무기를 증강하는 동안, 여러 차례 비밀스런 핵무기 프로그램 때문에 무역과 군사적 제재를 가하였다. 그러나 그러한 조치는 미국이 파키스탄을 전략적 동맹으로서 필요로 할 때마다 일시적으로 해제되었다.[54] 무샤라프는 때때로 미국의 절실한 동맹이었기 때문에 미국은 일관된 대응을 할 수 없었다.

소련이 1979년 12월 24일 아프가니스탄을 침공했을 때 미국은 파키스탄을 통해 소련과 싸우도록 무기와 군사훈련 전문기술, 그리고 국가정보들을 무자헤딘(mujahidin), 탈레반(Taliban), 오사마 빈 라덴(Osama bin Laden)에게 보냈다. 그렇지만 2001년 9·11 테러 이후 미국은 다시 입장을 바꾸어 파키스탄이 아프가니스탄에 있는 이전 동맹들, 즉 오사마 빈 라덴 등과 싸우도록 압력을 가했다.

이곳은 세계에서 가장 불안정한 지역 가운데 하나다. 미국이 무샤라프 대통령과 친밀한 동맹관계를 유지함에도 불구하고, 파키스탄 군대의 많은 구성원들이 알카에다와 탈레반에 속해 있기 때문에 이 동맹을 불안스럽게 하고 있다. 무샤라프에 대항한 공격이 성공한다면 그들은 파키스탄의 핵비축물들을 얻을 것이며, 그것들은 재빨리 탈레반, 알카에다와 공유될 것이다.[55]

파키스탄의 핵무기 사용은 연쇄반응을 촉발할 수 있다. 무엇보다도 오래된 적인 인도는 거의 확실하게 같은 방법으로 대응할 것이다. 인도와 적내적인 관계인 중국 또한 인도아대륙에서 수백만 명을 죽이는 핵의 대량학살을 촉발하면서 반응할 것이다.[56]

가장 큰 도전이자 가장 큰 실패인 비핵확산

미국은 2005년 5월 유엔에서 열린 비핵확산조약 재검토회의를 결렬시켰다. 이 회의는 유엔 주재 미국대사 존 볼튼이 중요한 토론들의 참석을 거절함으로써 와해되었는데, 세계는 실망하고 반감을 가지게 되었다.[57] 그것은 노르웨이와 영국, 호주, 인도네시아, 칠레, 루마니아가 핵무기 확산과 무장해제에 대해 새로운 규정들을 제안하도록 한 NPT 재검토의 좌절이기도 했다.

국제협상가들은 2005년 9월 유엔총회에서 발표한 개정안들에 대해 수개월간 작업했다.[58] 하지만 볼튼은 불량국가들과 테러리스트들의 핵무기 확산보다, 주요 열강들의 무장해제에 맞춰진 유엔의 초점에 맹렬히 반대하면서 유엔에 대해 압력을 행사했다. 미국의 막대한 영향력 때문에 무장해제와 핵무기 확산에 대한 새로운 규정들은 완전히 무시되었다.[59]

유엔사무총장 코피 아난(Kofi Annan)은 실질적인 성과 없이 회의를 종결하며 최종연설을 통해 대량 살상무기의 확산에 대한 공동의 접근이 실패한 것에 대해 공식적으로 비난했다. "그것은 참으로 치욕이다." 또한 2005년 초에 비핵확산 재검토회의가 좌절된 것을 상기하면서 핵무기 비확산과 무장해제는 "우리의 가장 큰 도전이자 가장 큰 실패"라고 말했다.[60]

9.
원자력의 답은 재생에너지

　부족한 에너지 수요를 충족시키기 위해 새로운 원자력발전소를 지을 필요가 없다는 것은 좋은 소식이다. 실제로 전기를 발생시키는 다른 방식들을 이용하여, 10년 내에 기존 원자로 대부분을 폐쇄하는 것이 가능하다. 로키산맥과 미시시피 강만 해도 미국 전력수요의 세 배에 달하는 전기량을 공급할 충분한 바람이 존재한다.

　지구온난화를 해결해야 한다는 극도의 긴박함 때문에 많은 종류의 대안적 해결책들이 제시되고 있다. 예를 들면 몬태나 주지사인 브라이언 슈바이처(Brian Schweitzer)는 석유보다 지구온난화에 훨씬 덜 영향을 미치고 석탄에서 전환되는 합성연료를 적극적으로 지지한다.[1] 이 장에서는 주로 전기 발생을 위한 재생에너지 동력원을 살펴볼 것이다. 흔히 인용되는 수치들은, 현재 미국에서 재생에너지원은 전기의 약 2퍼센트 정도만을 제공하는 반면에, 원자력은 20퍼센트를 공급한다고 주장한다.[2] 하지만 이 수치들은 수력발전으로 얻은 전기는 배제한 것으로, 이를 고려하면 2004년 미국 전기의 9.6퍼센트를, 세계적으로는 18.60퍼센트를 재생에너지원으로 얻었다.[3]

그러나 미국 정치인들은 적어도 연방정부의 차원에서, 석탄과 석유, 원자력 산업계의 수요에 저항하여 이 위험한 기술들로부터 대안을 탐색하려는 정치적 의지가 결여되어 있다. 심지어 체니 부통령은 2005년 통과된 에너지 법안을 석탄, 석유, 그리고 원자력산업계 회장들과 밀실에서 만들어냈다(현재 기소중인 엔론의 켄레이 회장을 포함한다). 그들 모두 부시의 후원자였을 뿐만 아니라 백악관과 상원의 주요 공화당 주자 대부분의 선거에 상당한 기금을 기부했다. 그리하여 미국 정치인들이 여전히 자기 이익에만 몰두하고 있는 가운데 지구온난화는 점점 악화되고 있다.[4]

그러나 최근의 여러 연구가 보여주듯이 전 세계는 이미 대안적 에너지원으로의 이동을 시작하였다. 에머리 로빈스가 작성한 〈원자력: 경제학과 기후 보호 가능성〉이라는 2005년 로키마운틴연구소 보고서는, 산업계와 정부 자료를 근거로 현재 원자력이 다른 전기생산의 원천에 의해 추월당하고 있다는 것을 보여준다. 세계적으로 더 많은 전기가 원자력발전소가 아닌 분산형 저탄소형(decentralized low-carbon) 또는 비탄소형(no-carbon) 경쟁자들에 의해 생산되는데, 재생에너지(바람, 바이오매스, 태양)로부터 3분의 1, 전기가 폐열(waste heat)로 만들어지는 매우 효율적인 에너지 생산방식으로 3분의 2가 생산된다. 폐열의 경우는 열병합발전 과정에서 발산하는 폐열을 이용한다.[5]

원자력산업계가 누리는 보조금 없이도 2004년의 경우 분산형 전기발전기는 세계적으로 원자력 출력의 거의 세 배, 용량의 여섯 배를 공급했다(출력은 발생된 전기의 실제 양이며, 용량은 발전기의 잠재적 출력이다).[6] 그리고 분산형 전기용량(decent-ralized capacity)은 2010년까지 177배 증가할 것으로 추정된다. 이와 동시에 새로운 원자로에 대한 주문은 감소하고, 노화 원자로들은 가동이 중지될 것이다. 원자력발전소는 건설하는 데 수년이 걸릴 뿐만 아니라, 위험한 에너지이고 막대한 비용이 소모된다. 로빈스는 오늘날의 시장에서 분산형 전기 발생의 비교적 비효율적인 이용조차 비용과 속도, 규모, 그리고 계속 상승하는 이윤 면에서 원자력발전을 능가한다고 주장한다.[7]

로빈스는 중앙집중형 화력발전기(석탄, 가스, 석유 또는 원자력)의 어느 것도, 두 가지 더 저렴한 대안들(열병합과 에너지 효율 기술)은 물론이고, 풍력 및 다른 재생에너지들과도 경제적으로 어깨를 겨룰 수 없다고 결론 내렸다.[8] 그는 자주 인용되는 2003년 MIT 연구처럼 에너지의 미래를 검토했던 대다수의 연구들이, 원자력과 거대한 중앙집중형 발전(centralized gene-ration)에 대한 그럴법한 경제적 대안들을 찾아내는 데 실패했다는 점을 흥미롭게 주목한다. 결국 위에서 언급한 것처럼 미국 행정부와 의회는 석탄과 석유, 그리고 원자력에 대해 명백하게 존재하는 경제적이고 생태적인 대안들을 추구하려는 의지가 없다.

로빈스에 따르면 핵에너지 제안자들이 "우리는 모든 에너지 선택들을 고려하고 추구할 필요가 있다"고 주장하는 것은 분석적 기반이 없으며 한마디로 사실이 아니다. 오히려 사회는 모든 선택들을 취할 여유가 없다. 원자력의 재앙적 경제학은 민간투자의 경제논리에 역행하여 보충되고 복구되기 때문에 원자로에 대한 모든 신규 추진은 납세자에 의해 대량으로 보조받아야 함을 의미한다. 예를 들면 2005년 미국 에너지 법안에 의해 130억 달러가 원자력산업계에 할당되었다.[9] 원자력발전소 운영자들에 대한 이 노다지는 더 저렴하고 더 청정하며 더 친환경적인 선택들(열병합발전, 재생에너지들, 그리고 효율성)에 대한 투자로부터 직접적으로 전환된 것이다. 원자력을 선택하는 것은 결국 소비자와 환경이 무한히 더 개선되도록 봉사할 선택들을 희생시키는 셈이다.[10]

경제적인 대안들

원자력의 미래에 대한 2003년 MIT 연구는, 시간당 원자력 전기 1킬로와트시를 구매하는 데 소비되는 10센트는 가스화력발전 전기의 1.2~1.7킬로와트시, 열병합발전의 2.2~6.5킬로와트시, 또는 에너지 효율성 조치로 절약된 10킬로와트시를 발생시킬 수 있다고 밝힌다.[11]

최근 영국과 미국에서 잘 알려진 과학저널 《뉴사이언티스트》는 재생에너지 전기기술들이 원자력과 석탄·석유산업계의 홍보에 귀를 기울이는 정치인들에 의해 심한 비판을 받았는데도, 풍력과 조력, 발전용량이 1000킬로와트 미만인 소수력발전인 마이크로-하이드로(micro-hydro), 바이오매스의 결합이 재생에너지 동력을 더 현실적으로 만든다는 사설을 실었다. 풍력과 바이오매스는 지금 거의 석탄만큼 저렴하고, 파력과 태양광발전(solar photovoltaics)은 빠르게 경쟁력을 키워가고 있다.[12]

신경제재단의 보고서는 《뉴사이언티스트》의 결론에 더욱 힘을 실어준다. 이 보고서는 재생에너지 시설은 건설이 용이하고 풍부하고 값이 저렴하며, 안전하고 융통성이 있으며 기후에 친화적이라고 주장한다. 또한 잉여의 전기발생이 대규모의 시설망 연결을 불필요하게 만들면서 사용시점에서 전기를 생산하므로 경제학 관점에서도 재생에너지원은 매우 큰 의미를 지닌다고 지적한다.

환경에 대한 대안들의 영향

지구온난화를 강화시키는 탄소 방출을 막기 위해서는 빠르고 효율적인 기후 해법들이 즉각적으로 보완되어야 한다. 실험 자료들은 지구온난화의 충격적인 현상들을 보고하고 있다.

· 1990년 이후 매년 적어도 20개의 대재앙적인 기후가 발생했다. 그 이전의 20년 동안에는 매년 세 건만이 기록되었다.

· 2004년 미국을 강타한 네 개의 허리케인은 몇 주 동안에 560억 달러의 손실을 기록했다.

· 2004년 열 개의 태풍이 일본을 엄습했는데, 이는 과거 연간 기록보다 네 개가 더 많은 것이다. 2004년은 태풍에 의한 손실이 가장 많은 해였다.

· 2003년 유럽은 기록상 가장 뜨거운 여름을 겪었으며, 폭염과 관련된 질병으로 2만2000명이 사망했고, 재앙적인

산불로 150억 달러의 손실을 입었다.

· 영국에서는 겨울폭풍의 횟수가 과거 50년 동안 두 배가 되었다.[13]

그럼에도 미국 행정부는 오랫동안 지구온난화가 존재한다는 사실조차 무시하거나 거부하고자 했다. 2001년 부시 대통령은 기후변화에 대한 교토의정서(Kyoto protocol)에 서명하기를 거부했으며,[14] 미국은 2005년 글렌이글스 G8정상회담에서 기후변화 문제를 핵심의제로 다루려던 토니 블레어(Tony Blair) 총리의 시도를 은밀히 훼손하고 약화시켰다. 이 회의와 관련하여 유출된 미국정부 문서들은 지구온난화 방지를 향한 과학적 노력은 손상되었고, 미국은 온실가스 방출을 안정시키려는 유엔의 노력에서 발을 뺐다고 폭로한다.

다음은 이 문서에 드러난 워싱턴 관료들의 태도이다.

· 기후변화를 '인류의 건강과 생태계에 대한 심각한 위협'으로 언급한 참조문을 삭제했다.

· 지구온난화가 일어나고 있다는 경고를 삭제했다.

· 인간의 활동이 그 원인이라는 암시를 삭제했다.

· '아프리카와 아시아－태평양, 그리고 북극권이 특히 기후 변동성에 취약하며 그 충격을 겪기 시작하고 있다' 는 진술을 삭제했다.

· 진행중인 지구온난화의 충격을 감시하기 위해 특별히 고안된 것으로, 아프리카를 관통하여 지역 기후 중심의 네트워크를 마련하는 경제 서약들을 부정했다.[15]

위에서 언급된 모든 재생에너지 형태들은 핵에너지와 달리 달러당 극히 효율적인 탄소 대체자들이다. 예를 들면 최종 사용자 단계의 효율성 개발을 감안하지 않고 원자력을 개발하는 데 소비된 100센트는 이산화탄소 1톤의 대기 방출에 대응된다. 결국 원자력은 풍력, 태양에너지, 지열에너지와 바이오매스 및 열병합발전처럼 환경적으로 더 건전하고 이산화탄소를 거의 생성하지 않는 대안들로부터 소중한 자산을 탈취함으로써 지구온난화를 심화시키고 있다.[16]

미국의 에너지 정치학

허리케인 카트리나 발생 후 부시 대통령은 연방정부에 에너지 보존정책을 지시하는 한편, 국민들에게 에너지 절약을 위해 자동차 운행을 자제하고 제한속도를 준수하며, 보다 작은 경차를 구매하도록 장려하기 시작했다. 2005년 10월 3일 미국 에너지부는 에너지 절약 캠페인을 공표했다. 에너지 보존을 장려하기 위하여 미국 에너지부는 심지어 삼림감시원 복장을 한 곰과 유사한 모습의 '에너지 호그(Energy Hog)' 라는 새로운 마스코트도 만들어냈다. 그들은 이에 대한 소책자를 발간했고 웹페이지도 만들었으며, 라디오와 신문들에 에너지 보존을 장려하는 공익광고를 내기도 했다. 그리고 공장마다 전문가들을 보내 에너지 보존에 대해 조언하도록 했다. 하지만 놀랍게도 미국 에너지부와 에너지 절약을 위한 연합(Alliance to Save Energy)의 공식적인 발표는 미국이 연료의 절반을 낭비하고 있다고 밝혔다.[17]

이러한 현상은 부시 정권 내에 생긴 중요한 변화를 시사하는데, 아마도 그들 역시 단지 석유의 고갈만이 아니라 지구온난화를 걱정하고 있는 것으로 보인다. 하지만 《뉴욕타임스》에 기고한 폴 크루그먼(Paul Krugman)은 이러한 해석에 회의적이다. 그는 부시 정권이 허리케인 카트리나와 리타에 의해 인상된 석유와 천연가스 가격에 대한 일반 국민들의 분노에 반응하고 있을 뿐이며, 부시의 에너지정책에 실제적 변화란 거의 없다고 주장한다. 그는 부시 정권이 자동차와 트럭들에 대한 연비 상승이나 가솔린 세금인상 같은 중요한 조치는 취하지 않았다고 지적한다. (호주와 다른 많은 국가들의 가스요금은 미국보다 세 배나 더 비싸다. 미국은 항상 인위적으로 가격을 낮게 유지하며 보조금까지 지원한다.)[18]

그러나 미국의 주 차원에서는 더 실제적인 진전이 이뤄지고 있다. 많은 주들은 이산화탄소 방출을 규제하는 지역적 협정에 협력하고 있다. 첫번째 지역협정은 2005년 9월 북동부에서 체결했는데, 대형 발전소에서 나오는 이산화탄소 배출량을 2009년까지 동결하고, 2020년까지 15퍼센트씩 감소시키자는 계획을 공표했다. 이 협정에는 뉴저지, 뉴욕, 매사추세츠, 코네티컷, 뉴햄프셔 메인, 버몬트, 로드아일랜드, 그리고 델라웨어 주가 참여하고 있다. 뉴저지 주에서 메인 주에 이르는 거대한 산업지역들은 대략 독일과 같은 양의 이산화탄소를 배출한다.

캘리포니아와 오리건, 뉴멕시코, 워싱턴, 그리고 애리조나가 유사한 조약을 검토하는 두번째 지역협정이 서부 연안을 따라 전개되고 있으며, 다른 주들도 이런 조치에 매력을 느끼고 있다.[19]

　　이런 새로운 시도들은, 미국이 세계 제일의 에너지 소비국이기 때문에 특별히 중요한 의미를 지닌다. 예를 들면 2001년 전기와 관련된 이산화탄소 배출의 49퍼센트는 선진국인 북미, 서유럽 그리고 아시아 선진국 지역에서 나온 것이었다. 그 가운데 세계 인구의 4.5퍼센트에 달하는 미국의 방출량은 24퍼센트였다. 나머지 51퍼센트는 구소련과 동유럽 같은 후진국으로부터 방출되었다.[20]

두 가지 우수한 대안

풍 력

　　풍력은 이미 유럽에서 광범위하게 사용되고 있으며, 미래의 에너지로 빠르게 부상하고 있다. 그것은 생산에 이르기까지 걸리는 시간이 짧고 저렴하기 때문에 농부들과 미국 도시 공동체에노 매력적이나. 2004년에 풍력은 진 세계직으로 연긴 용랑 증기에서 원자력을 여섯 배 앞섰고, 연간 출력 증가에서는 세 배나 앞섰다. 풍력은 인간과 환경에 파국적인 영향을 미치지 않고 생산까지의 개발 시간이 짧다. 또한 대량생산으로 경제적 효율성이 매우 높으며, 빠른 기술적 발전과 더불어 적절한 지역에 풍차를 배치하는 것이 쉽기 때문에 매우 매력적이다. 더 나아가 시설 설비가 빠르고 법석을 떠는 규제나 단속이 없다는 점도 원자력 기술과 비교할 때 풍력의 성장을 뒷받침할 요소이다. 원자력 기술은 기획에서 생산까지의 시간이 길고 연기되는 경향이 있으며, 복잡하고 논쟁의 여지가 있다. 그리고 원자로용해와 테러리스트

의 공격에 항상 노출되어 있다.[21]

각 대륙에서 8000개 이상의 바람에 대한 기록들을 확인한 최근 연구는, 72테라와트(2000년 모든 국가가 사용한 전기량의 40배)라는 세계의 잠재적인 풍력 원천을 발견했다. 이런 풍력에 너지의 20퍼센트만 사용해도 세계의 모든 에너지 수요가 충족될 것이다(1테라와트의 전기는 100억 개의 100와트 전구에 동력을 공급할 것이다).[22] 스탠포드대학의 크리스티나 아처(Christina Archer)와 마크 제이콥슨(Mark Jacobson)에 의한 풍력의 위와 같은 분석은 반경에 있어 다소 엄격한 기준을 적용한 것이다. 왜냐하면 많은 지역들이 보유하고 있는 바람에 대한 특정한 자료가 극히 빈약하기 때문이다.

세계에서 가장 강력한 바람의 힘은 유럽의 북해, 북미의 오대호, 북미의 가장 북쪽과 북서쪽 해안, 그리고 남미의 남단 끝부분에 존재한다.[23] 아처와 제이콥슨은 바람의 발생이 과거 5년간 매년 34퍼센트의 속도로 증가하면서 전기생산의 가장 빠른 성장원이 되고 있음에도 불구하고, 현재 바람은 세계 에너지의 단지 0.5퍼센트만을 제공할 뿐이라고 지적한다.[24]

1970년대 세계 석유 위기로 자극받은 덴마크는 풍력에너지를 개발하기로 결정했다. 체르노빌 사고 2년 후인 1988년 덴마크인들은 원자력발전소 건설을 금지하는 법을 통과시켰다. 현재 덴마크는 수익성이 좋은 대규모 풍력에너지 기술의 선두주자이며, 제4세대 풍력터빈 연구를 수행하고 있다. 대다수의 덴마크인들은 자신들의 결정에 기뻐하고 있는데, 그중 한 사람은 다음과 같이 말했다. "내 아이들이 다섯 손가락을 가지길 원했기 때문에 우리는 핵에너지는 안 된다는 선택을 했습니다. 그리고 우리는 또 다른 올바른 선택을 할 것입니다." (그러나 안타깝게도 그들의 식물은 아직도 방사능을 띠고 있고, 그러한 체르노빌의 유산은 덴마크에서 수백 년간 지속될 것이다.)[25]

미국에서 풍력은 엄청난 잠재성을 가지고 있다. 로키산맥과 미시시피 강 사이의 육지는 거대한 초원지역을 끊임없이 난타하는 혹독한 강풍 때문에 바람의 사우디아라비아로 언급된다.[26] 텍사스 주, 캔자스 주와 노스다코타 주를 모두 합치면 미국 전기의 100퍼센트를 제공할 수 있다. 근해에서의 풍력에너지 잠재력은 헤아릴 수도 없고, 오대호와 미국 북서부 및 북동부 지역의 풍력은 전혀 개발되지 않은 상태다.[27] 여러 다코타 지역 내 바로 활용이 가능한 교외지역에서 풍력은 미국이 현재 소비하는 전기량의 두 배를 생산할 수 있다.

미네소타 주에서는 1990년대 이후 수백 개의 풍력터빈들이 이 바람받이의 지역에서 전기를 발생시켜 왔다. 큰 기업들은 땅을 빌리기 위해 농부들에게 기계당 2000~5000달러를 지불했으며, 이 풍력기계들은 돈이 궁한 농부들에게 막대한 이익을 가져다주었다. 어떤 농부들은 '하늘에 있는 콤바인(combines in the sky)'이라고 부르는 상업적 규모의 거대한 풍력터빈을 개발하기도 했으며, 이 새롭고 친환경적인 에너지 곡물로부터 더 많은 돈을 벌어들이고 있다.[28]

풍력산업이 적절한 규모에 도달하기 위해서는 여러 가지 문제들이 정부 차원에서 논의되어야 한다. 비록 일부에서는 미국 북동부에서 발전(發電)하는 풍력의 풍부한 전기시설망에 접근할 수 있지만, 또 어떤 지역은 시설망에 대한 접근이 어렵다. 일반적으로 풍력발전단지들은 주요한 전기시설망과 여러 마일 떨어져 있으며, 필수적인 전송선로망을 건설하는 데에도 비용이 많이 든다(원자력발전소 건설비와는 비교할 수 없지만). 풍력발전단지의 농부들을 괴롭히는 다른 문제들도 있다. 예를 들면 노스다코타에서 미니애폴리스-세인트폴에서 시카고까지 정렬해 있는 대부분의 전기송전망 용량은 농부들이 전기송전망에 접근하는 데 많은 어려움을 겪게 했다. 이는 심한 정치적 갈등을 야기한 문제였다.[29]

그렇지만 풍력발전단지 농부들에게 좋은 소식들도 있다. 존디어(John Deere Co.)와 다른 회사들이 농부들에게 장비를 판매했는데, 그들은 농부들과 청정 재생에너지의 생산을 지원하는 풍력에 대한 거대 투자기금을 설립하고 있다. 작은 지역의 은행들도 풍력산업의 잠재적인 성장 가능성에 매력을 느끼고 투자를 시작하고 있다.[30]

연방정부와 주정부들도 이 중요한 새 에너지원을 지원해야 한다. 어떤 주들은 이미 상당한 보조금을 제공하고 있다. 예를 들면 미네소타 주 입법부는 현재 작은 풍력발전단지들에 생산 유인책을 제공하고 있다. 그리고 주의 전기공급을 위해 풍력을 '최소 비용의 대안'이라고 결정했기 때문에 미네소타 공익사업위원회는 또 다른 400메가와트의 풍력발전 용량을 구매할 것이다.[31]

농부들은 남서부 미네소타에 있는 에탄올과 바이오디젤 정제장치, 퇴비를 친환경 전기로 전환하는 혐기성 생물의 소화조(digester: 생물환원처리에 사용되는 밀폐식 탱크-옮긴이)를 포함하는 다른 형태의 친환경 동력들도 연구하고 있다. 결론적으로 이러한 대안에너지들이 발전할 경우, 에너지 독점회사들에 지급될 돈이 공동체 안에 투자되어 지역의 일자리가 창출되고, 지역 은

행들이 관련되어 공동체가 번영할 것이다.[32]

중국 등의 국가들도 기하급수적으로 늘어가는 에너지 수요에 대비해 풍력에 투자하기 시작했다. 몽골 내륙의 초원지대 휘팅질에 68메가와트 풍력발전단지가 설립되었는데, 2008년까지 400메가와트로 성장하리라고 예측된다. 유사한 풍력발전단지들이 인구밀도가 높은 많은 지방들에 조성되고 있으며, 전기 1킬로와트당 비용은 중국의 풍부한 석탄산업에 비해 빠르게 경쟁력을 키워가고 있다. 중국 재생에너지개발센터의 팡종잉은 중국은 풍력발전 개발에 대한 원대한 계획을 가지고 있고, 2010년까지 4000메가와트에 도달하고 2020년까지 2만 메가와트를 추진할 것이라고 말했다.[33]

중국은 아직도 풍력이 석탄보다 다소 비싸기 때문에 풍력에 대한 보조금으로서 표준 전기세를 부과하는 반면, 개발자들에게 세금혜택을 주면서 풍력과 다른 대안들의 생산을 독려하고 있다. 지방자치단체들에게 킬로와트시당 비용이 종래 자원들보다 비싸더라도 대안석 원천으로부터 전기를 구매하도록 했는데, 이 조치는 실제로 풍력 공급자들을 지원하는 것이었다.[34]

영국의 경우는 풍력발전단지들이 수 메가와트의 전기를 국가 시설망으로 공급하고 있는데, 원자력발전소 가동정지에 따른 손실량보다 더 빠른 속도로 공급하고 있는 상황이다.[35]

태양에너지

태양에너지의 10조 와트에서 20조 와트가 태양광발전에 의해 제공된다면, 이는 현재 사용하는 기존의 에너지원들을 대체할 수 있다. 결과적으로 50평방마일의 양지바른 지역에 설치된 태양광발전은 연간 미국 전기 수요 전체를 만족시킬 수 있을 것이다.[36] 이것은 실로 막대한 양의 전기이지만 이 거대한 도전을 뒷받침할 충분한 공급재료들(적합하고 적절한 물질들)이 분명히 존재할 것이다.

태양전지들은 더 효율적인 생산을 위한 태양열 집열기가 되어가고 있다. 그렇지만 태양전지들을 만들어내는 데는 화석연료 에너지가 반드시 필요하다. 태양열 집열기 지붕 시설은 수지타산을 맞추는 데 4년 정도 걸리며, 태양열 집열기의 예상 수명은 30년이다. 태양열 집열기가 생산하는 전기의 87퍼센트에서 97퍼센트는 오염(온실가스 또는 자원고갈)을 일으키지 않는다. 지붕들과 도로변, 또는 사막지형 등 태양전지 시설을 설치할 공간은 충분히 존재한다. 대량의 태양열 집열기를 생산하기 위해서는 특수한 물질들이 필요한데, 그 물질들은 인듐(indium)과 텔루르(tellurium) 같은 희귀한 광물들을 포함한다. 과거 20년 동안의 신뢰할 만한 기술적 진보로 태양광 기전들의 시장 상황은 상당히 개선되었다.

실리콘밸리의 벤처캐피털들은 지금 '청정기술(clean tech)'에 투자하고 있는데, 이 '청정기술'이란 용어는 태양에너지와 물 정화 체계, 대안적 자동차 연료들을 포함하고 있다. 이 투자자들은 지구라는 행성을 위해서 좋은 일을 하는 자신들의 행위가 '위대한 경제적 부산물'이라고 인식하면서도 반드시 이타적이지는 않다. (그들은 자신들의 동기가 녹색 청정에너지보다는 지폐의 녹색에 더 가깝다는 것을 기꺼이 인정한다.) 이 기술에 대한 투자는 높은 원유가에 의해, 그리고 인도와 중국에서의 전기 수요 증가에 의해 더욱 활성화된다.[37]

　　태양에너지 개발을 격려하는 유인책들은 빠르게 확대되고 있으며, 캘리포니아, 뉴욕, 텍사스를 포함하여 30개 주에서 특히 활성화되고 있다. 이 주의 어떤 도시들에서는 종래방식으로 발전된 전기의 기본비용이 과거 3년간 50퍼센트 상승했다. 따라서 이 주의 입법자들은, 더 이상 화석연료를 사용하여 환경을 오염시키는 새 발전소들을 건설하지 않고, 전기의 큰 수요를 충족시킬 창조적 기술을 지지해야 한다고 인식한다. 결과적으로 이런 태양에너지 발의들은 공공요금 청구서에 있는 대안에너지 특별요금에 의해 자금을 지원받고 있다.[38]

　　현재 30만 가구가 태양에너지 시설을 갖추고 있는데, 5년 전에는 10만 가구에 불과했다. 태양에너지 장치의 판매는 2004년 6월부터 2005년 5월까지 5억 달러로 28퍼센트 증가하였으며, 2005년 6월부터 2006년 5월까지 20퍼센트 더 상승할 것으로 기대된다.[39] 태양에너지에 대해 강력한 의지를 가지고 있는 아놀드 슈왈제네거(Arnold Schwarzenegger) 주지사는 태양에너지 설비들이 2004년 캘리포니아의 리베이드 프로그램(rebate program) 하에서 4614주택에 동력을 공급하도록 했는데, 이는 53퍼센트가 증가한 것이다. 캘리포니아 공익사업위원회는 2006년 1월 3조 달러의 리베이트 프로그램으로, 앞으로 10년 동안 100만 개의 태양에너지 지붕 시설의 설치에 대해 보조금을 지불하도록 하는 미국 역사상 가장 큰 태양에너지 발의를 통과시켰다.[40] 다른 주들도 이 태양에너지 경기에 합류하고 있다. 코네티컷과 오하이오가 와트당 5달러를 지불하고, 네바다가 와트당 4달러, 오리곤이 와트당 3.50달러, 아이다호가 주택소유자에게 100퍼센트 세금공제를 하고 있으며, 뉴저지는 태양에너지 설비에 소요된 2

만 달러까지 가장 푸짐한 리베이트를 제공하고 있다.[41] 워싱턴 주는 태양전지에 대한 신규 수요를 활성화시키기 위해 독일과 유사한 새로운 태양에너지 요금표를 도입했다.[42] 또한 40개 주에서 주택소유자들이 과잉 생산된 태양에너지 전력을 되팔 수 있도록 허용하고 있다.[43]

점점 확대되는 매력적인 조치에도 불구하고 태양에너지 시스템을 설치하는 것은 여전히 값이 비싸다. 예를 들면 뉴저지에서 태양에너지 설비를 설치하기 위해서는 소유자가 5만 달러를 지불한다. 주는 소유자의 전기설비 체계에서 발생하는 용량의 와트당 5.5달러를 제공하고, 전체 비용의 3만5000달러를 부담한다. 전기요금을 절약하여 4~5년 안에 1만5000달러를 벌충하고, 오염시키지 않는 전기생산자에게 보답하기 위해 주정부가 제공하는 비행기 마일리지와 유사한 프로그램을 통해서 특별한 신용 혜택을 얻기 때문에 주택 소유자는 낙관적이다.[44]

태양에너지를 포함하는 재생에너지의 또 다른 형태를 보면, 독일은 2025년까지 원자력을 단계적으로 폐지할 계획을 가지고 있다. 독일은 빠르게 대안을 받아들이고 있는데, 현재 풍력과 바이오매스로 전기의 8퍼센트 이상을 발생시키는 세계에서 가장 큰 태양전지 이용자이다. 2050년까지 에너지의 절반을 재생에너지원에 의해 공급할 예정이므로 탄소 방출은 1990년 수준의 5분의 1로 감소할 것이다.[45]

실험적 단계에서 현실적 단계로 접어든 영국의 풍력발전단지들은 현재 많은 보조금을 받고 있고, 포르투갈에서도 첫번째 풍력발전단지가 시작되고 있다. 조력도 영국에서 잠재적 가능성을 보이고 있는데, 풍력과 상호보완적으로 발전하고 있다. 또한

놀라운 신에너지 절약장치들로 설비되는 집들이 날로 증가하고 있다.[46]

사람들은 풍력이 간헐적으로 끊기거나 태양에너지가 계절과 기후 등으로 차단될 때, 재생에너지가 효율적으로 전기공급을 할 수 있을지를 의문시한다.

다양한 연구들이 재생에너지와 관련된 이 '간헐성(intermit-tency)' 문제와 그에 대한 풍부한 해법들을 조사해 왔다. 풍부한 해법들은 이를테면 다음과 같은 내용을 포함한다. 풍력발전기의 지리적 분포상태, 개선된 기상예보기술, 송전망과 배전망의 시기적절한 확장, 주들과 국가들 사이의 경계를 넘는 전기교환, 그리고 같은 송전망에 상호 연결된 수력, 바이오매스, 풍력, 태양에너지, 조력, 파력, 지열에너지, 열병합발전들을 포함하는 재생에너지 기술의 혼합. 이런 다양성은 재생에너지의 적절한 전기생산을 가능하게 할 것이다.[47]

한편 미국 의회는 2005년 10월 6일 아프가니스탄과 이라크 전쟁에 500억 달러를 추가로 할당했다. 미국이 이 국가들과 관련되어 있는 단 하나의 이유는, 원유를 통제하고 소유하는 것이다. 그러나 석유 연소는 지구온난화의 기세를 돋운다. 미국은 심하게 고통 받는 국가들로부터 철수하고, 세계 수준의 풍력과 태양에너지 경제에 이런 막대한 자금을 할당하는 것이 더 바람직하지 않을까? 돈과 기술은 존재하지만 의지와 지혜는 존재하지 않는다.[48]

10.
미래 에너지를 위해 개인들이 해야 할 일

유럽인들은 같은 생활수준을 유지하면서도 대략 미국보다 1인당 50퍼센트 적은 에너지를 사용한다.[1] 그들은 에너지 보존에 대한 절실함을 깨닫고 있다. 유럽 호텔 복도의 조명등은 3분 내에 자동으로 소등된다. 더욱이 미국의 생활방식은 미국 광고로 가득 찬 전 세계 TV네트워그를 통해 중국, 인도, 아프리카, 인도네시아에 있는 수백만 명의 사람들, 심지어는 북극의 이뉴잇(Inuit: 캐나다, 그린란드 등지의 에스키모-옮긴이)에게도 영향을 미친다.[2] 미국인들이 오염되고 훼손된 지구행성을 되살리려는 책임감을 느끼고 생활방식을 바꾼다면 수백만 명도 이에 따를 것이다.[3]

미국 주정부와 연방정부의 의제는 단지 최종 생산단계가 아니라 최종 소비단계에서 에너지 이용을 줄이도록 명령함으로써 공격적으로 수립되어야 한다. 그리고 개인들은 생활방식에 대하여 긴급히 책임감을 가져야만 한다. 지구온난화가 우리를 덮쳐

오는 동안 지구는 더욱더 뜨거워진다. 허리케인과 사이클론이 많아지고, 가뭄과 산불, 홍수와 폭우가 재산과 사람의 생명을 앗아가며, 광대한 땅을 황폐화시킨다.[4] 그럼에도 우리는 여전히 레저용 다목적 차량(SUV: sport utility vehicle)을 몰고 다니고, 집 안 전체의 조명과 컴퓨터, VCR을 계속 켜놓으며, 냉난방이 되는 건물에서 1년 내내 일정온도를 유지하며 살고 있다.

수년간 유용했던 효율적인 에너지 기술들은 나날이 더 정교해진다.[5] 충분한 비용과 효율적 에너지, 그리고 효율적 조치와 기술들은 차후 5년간 11퍼센트에서 23퍼센트 사이의 전기 수요를 감소시킬 것이며, 2020년까지 21퍼센트에서 35퍼센트까지 감소시킬 것으로 예측된다.

시장에서 에너지 효율과 관련한 의사결정을 하도록, 그리고 사람들이 전기기구를 구매하고 이용하는 방식을 고치도록 하기 위해서는 장기간에 걸친 적극적이며 협력적인 공공정책 발의가 필요하다.[6] 이런 결정들은 주정부와 연방정부가 집단적 책임감을 가지고, 대규모 교육 캠페인을 통해 기업과 대중들에게 에너지 보존의 중요성과 방법을 고취함으로써 이루어질 것이다.

또한 책임 있는 삶을 지도하는 법들이 긴급히 법제화되어야 한다. 예를 들면 모든 새로운 빌딩들은 수동으로, 태양열 집열기들이 활발히 설치되도록 건설되어야 한다. 밤마다 모든 빌딩과 가정의 외부 조명등은 소등하고, 특히 컴퓨터 등의 전자상품을 판매하는 매장들은 절대적으로 필요한 경우를 제외하고는 밤에 스위치를 꺼야 한다.

가전제품들은 에너지 보존에 있어서 매우 중요한 단면이다. 그러한 생활필수품들은 설치하여 사용하기 쉬운 만큼 최소한 아래와 같은 사항들을 실천해야 한다.

- 에너지가 효율적인 전구와 조명시설을 이용한다.
- 에너지가 분류된 냉장고와 세탁기를 이용한다.
- 에너지가 효율적인 설거지 기계를 이용한다. (할 수 있다면 설거지 기계를 버리고 물을 채운 물통에서 손으로 접시를 씻는 것이 더 낫다.)
- 옷을 말리는 건조기를 이용하지 않는다. 이것은 주거용 전기 사용의 6퍼센트에 달한다. 의류는 여름에는 햇볕에 말리고, 겨울에는 난로로 말려라.
- 태양열 온수 체계를 이용한다. 이것은 극히 효율적이며 즉시 이용 가능하다.
- 겨울에는 집안 온도를 낮추고, 여름에는 에어컨을 끈다. 모든 지역이 그런 것은 아니지만 대부분의 미국 지역 기후에서 에어컨은 생존에 필수적인 것이 아니다.
- 효율적인 벽과 천장, 그리고 바닥 절연으로 집을 완전히 내한(耐寒) 구조로 만든다.
- 수동인 태양열 집열기로 작동하도록 하고, 주택은 되도록 남향으로 짓는다.
- 처마를 만들어 여름에는 집에 그늘을 주고, 겨울에는 햇빛을 제공하도록 한다.
- 지붕에 정부보조금이 지급되는 태양열 발전기를 설치한다.[7]

민간기업들은 다음 시설들을 이용할 수 있다. 효율적인 조명들과 전류 안정장치(전압이 변화하는 주변환경에서 자동적으로 전류를 조정하는 전기 회로의 일부), 끊임없이 인공조명을 켜는 대신 햇빛을 이용하는 창문, 에너지 효율적인 비상등과 거리 표시등, 교통신호등, 효율적인 냉난방 체계, 효율적인 사무기기와 에너지 관리체계들.[8] 공업시설들은 다음 시설들을 이용해야 한다. 효율적인 모터와 모터 전동장치, 개선된 산업공정들, 알맞은 난방과 배기, 냉각 체계들, 효율적인 조명과 전류 안정장치, 효율적인 에너지 관리 체계들.[9]

대부분의 에너지 효율성 조치들은 전기의 초기 발생과 장거리에 걸친 전기전송 및 비효율적인 배전보다 훨씬 적은 비용이 든다. 다른 중요한 이점들도 실행을 해야만 얻을 수 있다.

· 에너지 효율성 프로그램들은 주 전체의 전기 비용에 있어서 막대한 돈을 절약한다. 그리고 소비자들의 에너지 청구액 또한 크게 감소시킨다.

· 에너지 효율성은 절약된 매 킬로와트만큼 전기 발생이 더 적고, 석탄, 석유, 천연가스 또는 원자력으로부터의 오염을 적게 하므로 환경을 개선한다.

· 에너지 효율성은 지역 경제 발전과 일자리 창출, 지역 시민과 기업들의 수입증가를 도모한다.

· 에너지 효율성은 다른 지역이나 국가로부터 석탄, 천연가스, 석유 또는 우라늄 등의 연료를 수입할 필요가 없기 때문에 공익사업의 독립성을 증대한다. 그들은 더 적은 양의 전기를 발생시켜도 되고, 더 작아지고 더 자율적이며 더 효율적이게 된다.[10]

도시들마다 에너지 절약에 대한 발의가 계속되고 있다. 그 가운데 오리건 주의 포틀랜드시는 주목할 만한 사례로, 포틀랜 드는 이산화탄소를 1990년 방출량 이하로 억제하기 위해 애쓰고 있다. 이를 위해서 대중교통을 확대시키고, 새로운 자전거길 750마일을 설치하여 걷거나 자전거로 대체한 사람들을 10퍼센 트까지 증가시켰다. 도시의 모든 근로자들은 버스 통행이나 카 풀 주차로 매달 25달러를 제공받으며, 도시조명들은 에너지 절 약형 다이오드로 대체되었다. 고유한 방법으로 에너지 효율성을 갖춘 친환경 건물을 건설한 사람들과 집을 내한 구조로 만든 사 람들에게는 재정적·기술적 지원이 제공된다.

주민들은 이런 변화와 발전을 매우 자랑스러워하며, 보다 적 극적인 자세로 협력하고 있다. 왜냐하면 이러한 시도가 교통 혼 잡을 감소시키며, 에너지 절약으로 감면된 세금이 보다 건설적 인 활동들에 자유롭게 소비되기 때문이다. 이러한 정책을 추진 한 포틀랜드 톰 포터(Tom Potter) 시장은 도시가 경제적으로 매 우 번창하고 있다고 말힌다.[11]

미래 에너지를 향한 더 나은 선택

시냅스 에너지 이코노믹스(Synapse Energy Economics)가 2004년에 수행한 '책임 있는 전기의 미래'라는 표제의 연구는, 미국 에너지부 산하 에너지정보국(Energy Information Administration)이 수행한 연구와 비교된다. 에너지정보국은 시냅스사의 '조화상태' 분석에 대해 자신들의 분석을 '기준상태(reference case)' 분석이라고 부른다. 정부의 '기준상태'로 추정하면 2025년까지 50퍼센트 이상 미국 전기 소모 증가를 나타낼 때에, 조화상태는 적절히 적용되면 에너지 효율성, 열병합발전, 재생에너지와 천연가스 이용을 병합하여 유사한 기간 동안에 새로운 대형 발전소 600개 이상에 의해 발전되는 것과 동등한 전기량을 절약할 것이다.[12]

시냅스사의 결과들은 단순성, 이행의 용이성, 그리고 기후변화에 대한 긍정적 효과에 있어서 주목할 만하다. 반면에 기준상태는 비용이 많이 드는 국가 전기송전망의 품질과 성능의 격상을 요청하면서, 비싸고 화석연료 공급을 받는 중앙집중형 발전에 막대한 투자를 해야 한다고 요구한다. 기준상태가 2025년까지 이산화탄소 방출량이 1990년의 182퍼센트까지 증가할 것이라고 예측하는 반면에, 조화상태는 1990년 방출량보다 3퍼센트 아래로 내려가며 2000년 방출량보다는 23퍼센트가 감소할 것이라고 예측한다.[13] 더 나아가 조화상태는 24년에 걸쳐 360억 달러를 절감할 것이라고 보았다.[14]

환경을 구하기 위한 시냅스사의 실용적인 계획은 다음과 같다.

· 에너지 효율성은 2025년까지 미국의 전기수요를 거의 28퍼센트까지 감소할 수 있다(기준상태에 의해 예견된 전기 이용량의 증가와 대조된다).

· 지열에너지와 매립가스(landfill gas), 바이오매스, 태양열과 태양전기발전, 특히 풍력을 포함한 비수력 재생에너지는 조화상태에서 2025년까지 미국 전기 사용량의 15퍼센

트를 제공할 것이다(기준상태에서는 수력을 제외한 재생에너지가 1퍼센트만을 차지할 것이며, 이는 수력기술이 현재 제공하는 대단히 하찮은 양인 2퍼센트보다도 적은 것이다).[15]

· 열병합발전은 10퍼센트를 생산할 것이다(기준상태의 5퍼센트에 대조된다).

· 석유, 석탄, 그리고 가스 화력발전소는 50년 운전 후에 폐기된 것으로 가정된다. 예전의 낡은 발전소가 폐기되기 때문에 새로운 화력발전소들이 건설될 것이다. 그러나 노후화된 원자로들이 45년 운전 후에 폐기되더라도 새로운 원자로들은 건설되지 않을 것이다.[16]

비 용

조화상태는 360억 달러를 절약할 뿐만 아니라 과중한 부담이 되는 미국 송전망에 대해 수요를 감소시킨다. 첫번째, 전기에 대한 총수요를 감소시킴으로써 송전망에 대한 수요를 덜어준다. 두번째, 열병합발전소와 재생에너지 시설들에 의존함으로써 일반적으로 수백 마일 떨어진 육중한 원자력발전소와 화력발전소보다는, 최종소비자에 더 가까이 위치한 더 작은 발전소의 건설을 옹호한다.

중앙집중화되어 발전되는 전기의 송전과 배전은 비효율적이며 매우 많은 비용이 든다. 전형적으로 대형발전소에 의해 발생되는 전기의 10퍼센트는 송전 동안 손실된다.[17] 현재 송전과 배전 비용은 연간 950억 달러인데, 2025년까지 1270억 달러로 상승할 것이다. 기준상태에 따르면 34퍼센트 증가이지만, 조화상태에서는 상당히 더 저렴한 비용일 것이다. 왜냐하면 부하 증가가 너무 느려 2025년까지 단지 4.7퍼센트이므로 송전과 배전 비용이 비례적으로 감소되기 때문이다.[18]

이산화탄소 방출

조화상태에서 이산화탄소 방출의 감소는 지구온난화를 완화할 뿐만 아니라 전기 발생 비용도 더 낮춘다. 이는 기후변화를 최소화하기 위해 에너지 기업들에 부과되는 규제에 따를 필요가 없기 때문이다.[19]

물리학자인 톰 코크란(Tom Cochran)은 미래 원자력산업에 대한 계산에서, 2050년부터 2100년까지 50년간 세계에 원자력 전기 700기가와트를 더함으로써(오늘날 원자력 용량의 두 배) 아래와 같은 사실들이 수반될 것이라고 보았다.

· 1200개의 새로운 원자력발전소가 추가 건설된다(만약 그들이 40년을 지속하고 원자로용해가 없다면).

· 15개의 새로운 우라늄 농축공장이 추가된다.

· 수십만 개의 핵무기를 만들기에 충분한 양의 플루토늄을 함유한 고준위 방사성 폐기물 9만7000톤을 발생시킨다.

· 방사성 폐기물을 저장할 14개의 유카산을 준비한다.

· 제4세대 원자로가 진행되면 플루토늄을 추출하는 50개의

새로운 재처리공장이 추가된다.

· 1조에서 2조 달러까지 투자된다.

원자력산업계가 줄기차게 홍보하는 지구온난화 감소와는 달리, 이 시나리오의 환경효과는 지구의 평균온도를 0.2퍼센트 상승시킨다.

조화상태의 부가적 이익들

위에서 열거한 사항들을 능가하는 비용절감과 조화상태의 이점은 다음 사항들을 포함한다.

· 이산화탄소 방출 비용이 더 낮아진다.

· 수은과 질소산화물 및 미립자들의 생성이 감소하여 보다 경제적이고, 환경적인 비용이 더 낮아신다.

· 화석연료의 사용이 감소되어 가격변동성이 감소된다.

· 발전기와 전기 송전을 위해 이용되는 땅의 사용이 감소되고, 발전을 위한 물이 줄어듦으로써 환경상, 건강상의 이점들이 생긴다.

· 화석연료를 위한 채굴이 감소되므로 환경적 이점들이 발생한다.

· 재생에너지 기술과 관련해 일자리가 늘어나고 경제적 이점들이 생긴다.[20]

미래에 어떤 에너지를 선택할 것인가는 세계 속의 개인들에게 달린 문제다. 분명한 점은 원자력을 선택하는 것이 바람직하지도 실행 가능하지도 않다는 것이다. 다행하게도 조화상태가 명백히 드러내주는 것처럼 다른 선택들이 존재하며, 그 대안들은 긴급하게 이를 실행하고자 하는 정부와 개인의 의지에 달려 있다. 지구온난화는 돌이킬 수 없는 시점을 향해 가고 있다.

러시아로부터 공급되는 천연가스의 조달을 염려한 영국정부는 2006년 1월 장소가 선정되기도 전에 재빨리 원자로 허가를 진행시키려 한 영국 핵연료주식회사(British Nuclear Fuels)의 제안을 고려중이다. 이러한 과정은 대중 참여를 배제하고 있다.[21] 그렇지만 2006년 3월 지속가능발전위원회(Sustainable Development Commission)는 새로운 영국 핵프로그램이 기후변화와 공급 보장이라는 도전에 실패할 것이라고 결론 내렸다. 그들은 영국의 기존 원자력 용량을 두 배로 증가시키면 1990년 이산화탄소 방출량의 8퍼센트가 감소하겠지만, 재생에너지가 충분히 개발된다면 이산화탄소를 발생시키지 않으면서 영국 수요의 68~87퍼센트를 공급할 것이라고 보고했다.[22]

나는 지구온난화 상황의 긴급함과 원자력의 엄청난 위험들을 이해하고, 자녀와 후손들을 위해 미래를 보호해야겠다는 이타심을 이해한다는 것이 특히 미국인들이 매우 어려운 일이라는 것을 알게 되었다. 그들은 돈을 충분히 버는 한 자신들이 원하는 모든 것을 할 수 있고, 어떤 것이든 가질 수 있는 확고한 권리가 있다고 믿고 있다.

그러나 세계가 더 이상 이런 식으로 방치되어서는 안 된다. 지구의 자원은 한정되어 있고, 과학과 산업의 오용은 유일한 이 지구행성의 생태계를 손상하며, 우리 자신을 포함한 수백만의 생물학적 종들의 생명을 위협하여 왔다.

지구상에서 가장 부유하고 강력한 국가인 미국의 도덕적·영적 책임감은 계속 요원한 상태이다. 진정한 의미에서 미국의 종교적 이념(크고 작은 모든 피조물들을 위한 책임감을 수반하는 것)이 도출되어야 한다. 사실 지나친 특권적 소유를 자랑스러워하는 미국의 민주주의는 분명히 탐욕스럽게 작용되고 있다. 국민의 대변인인 정치가들은 기업들에 의해 조작되고 조정되지 않도록 이 지구행성을 위해 올바른 일을 해야 한다.

결국 도덕적 삶을 사는 것은 개인의 결정이다. 그것은 당신이 방을 나갈 때 불을 끄고 밤에는 컴퓨터를 끄며 집을 단열하고, 겨울에는 더 많은 스웨터를 입고 집안의 열을 내리도록 조정하며, 여름에는 땀을 흘리더라도 지구온난화를 일으키는 에어컨을 끄고 지내는 것을 의미한다.

자기희생과 책임감은 대다수의 사람들이 동경하는 고상한 특성이다. 또한 이것들은 세계를 공정함과 시속적인 생존으로 이끄는 자질이기도 하다.

후주(後註)

서 문: 용기 있는 결단이 필요한 시기

1. http://www.whitehouse.gov/news/releases/2005/06/20050622.html, June 22, 2005.
2. "Nuclear Power and Children's Health, What You Can Do," a symposium presented by the Nuclear Policy Research Institute, the Nuclear Information and Resource Service, and Physicians for Social Responsibility-Chicago at St. Scholastica Academy, Chicago, October 15-16, 2004.
3. "Greenpeace Report Proves Solar Power Available to 100 Million People by 2025," Contact, Sven Teske, Greenpeace International Campaigner, Cairo, Egypt, 31621296.
4. "Waves Could Power 20% of the UK," Press Association, *The Guardian*, January 25, 2006.
5. Amory Lovins, "RMI's CEO Debunks Dangerous Nuclear Theology," *RMI Solutions*, http://www.rmi.org/images/other/Newsletter/NLRMI summer05.pdf, summer 2005.
6. Arjun Makhijani, "Our Electrical Future: A Non-Nuclear Low Carb Diet?" *New Hampshire Sierran*, Newsletter of the New Hampshire Sierra Club, Fall, 2005. 오늘날 전기의 생산과 이용은 극히 비효율적이다. 전류는

전자들로 구성되어 전도하는 전선으로 전달되고, 전구가 소켓에 연결될 때 전선으로부터 나온 전자들이 열과 빛으로 전환된다. 그런데 전기조명 시스템의 평균 효율은 대략 1퍼센트에 불과하다. 이는 전기를 발생하도록 사용된 연료 내에 있는 에너지 1퍼센트만이 가시광선 에너지를 산출한다는 의미이다. 나머지는 모두 수백 마일에 이르는 시설망을 통한 전류의 송전 과정과 발전소와 전구를 통해 열로 낭비된다. 고효율 전구의 경우에도 단지 3퍼센트의 효율을 가질 뿐이다. 이에 비해 건물에 부착한 태양전지판(solar panel)에 의해 발생한 전기는 송전손실이 없기 때문에 부분적으로 극히 효율적이다.

7. Jonathan Leake and Dan Box, "When PR Goes Nuclear," *The Australian Financial Review*, May 27, 2005.

8. Ibid.

9. James Lovelock, *The Revenge of Gaia*(London: Penguin Books, 2006).

10. David Adam, "Next Generation of Nuclear Reactors May be Fast Tracked," *The Guardian*, January 21, 2006.

11. Ibid.

12. Laura Miller, "Nuclear Energy's Green Glow," *PR Watch*, May 24, 2005.

13. Felicity Barringer, "Old Foes Soften to New Reactors," *The New York Times*, May 15, 2005.

14. Miller, "Nuclear Energy's Green Glow."

15. Andrew Revkin, "Climate Expert Says NASA Tried to Silence Him," *The New York Times*, January 29, 2006.

16. Helen Thomas, "No Wonder Bush Doesn't Connect With the Rest of the Country," *Seattle Post Intelligencer*, October 15, 2003.

17. Stephen Schneider, "The Changing Climate," *Scientific American*, September 1989, 70–79.

18. John Nichols, "Enron: What Dick Cheney Knew," *The Nation*, April 15, 2005, 7–20.

19. Ibid.

20. Ibid.

21. Ibid.

22. Adam Klawoon, "Pro-Nuclear Conference Focuses on Tactics," *Union Tribune*, June 9, 2005.

23. "Nuclear Power-The Shape of Things to Come," *The Economist*, July 7, 2005.

24. Ibid.

25. Helen Caldicott, *Missile Envy*(New York: William Morrow, 2004).

1. 계산되지 않은 원자력 에너지의 비용

1. Lisa Rainwater van Suntrum, "Spinning Nuclear Power into Green," http://www.prwatch.org/prwissues/2005Q1/nuke2.html.

2. 지금은 사망했으며, 결코 신분이 노출되는 것을 바라지 않을 맨해튼 프로젝트 참여 과학자들 일부와 1980년대에 가진 개인적인 대화.

3. 어떤 이들은 지구온난화와 오존층 감소의 차이에 대해 혼란스러워하는데, 이 것은 두 개의 전혀 다른 기상학적 메커니즘이다. 오존은 수십억 년에 걸쳐 대 기의 상층부(성층권)에 축적된 기체로, 태양으로부터 오는 해로운 발암성 자외 선을 여과한다. 그 오존이 점점 줄어들었고 남극 같은 일부 지역에서는 완전히 사라지기도 했다. 불활성으로 생각되었던 프레온이라는 기체가 산업계에 광범 위하게 이용되었는데, 이 기체들이 성층권으로 올라가 오존분자들과 결합함으 로써 오존분자들을 파괴한 것이다.

이 기체는 성층권에서 75년에서 380년간 머문다. 오존층이 감소됨에 따라 인 간과 동물의 피부암 발생률이 상승했는데, 이는 태양으로부터 오는 발암성 자 외선의 농도가 증가했기 때문이다. 오존층 1퍼센트가 감소하면 피부암은 4퍼 센트에서 6퍼센트가 증가한다. 오존층이 특히 얇은 호주에서는 사람들이 만연 한 피부암 및 아주 위험한 흑색종을 겪고 있다. 이러한 위기를 극복하기 위해 1987년 몬트리올 의정서에 의해 프레온가스의 생산이 규제되었고, 1990년에 는 런던 개정의정서를 통해 생산금지를 합의했다(Helen Caldicott, *If You Love This Planet*, New York: W. W. Norton, 1992). 프레온가스는 오존층 을 파괴하며 지구온난화를 악화시키는 기체이므로 매우 위험하다.

미국 에너지부의 자료에 따르면, 미국에서 방출되는 CFC 114 기체의 93퍼센 트는 원자력발전소의 연료를 만드는 우라늄 농축과정에서 비롯된다(Nancy Checklick, U.S. Department of Energy, e-mail message to author, June 8, 2004). '청정하며 친환경적'이라는 홍보와는 달리 핵에너지 생산은 오존층 파괴 화합물을 가장 많이 방출하고 있다(James Bruggers, "Uranium Plants Harm Ozone Layer, Kentucky, Ohio Facilities Top List of Polluters." *The Courier-Journal*, May 29, 2001).

4. 프레온가스는 지구온난화를 일으키는 매우 강력한 요인으로, 이산화탄소보다 도 1만~2만 배의 영향을 끼친다. 다른 지구온난화 기체들은 메탄 또는 가스 화 력발전소의 연료공급에 사용되는 '천연가스'를 포함한다. 산화질소도 포함하 는데, 이것은 자동차와 석탄화력발전소 배기가스의 구성물이다.

5. Jan Willem Storm van Leeuwen and Philip Smith, "Can Nuclear Power Provide Energy for the Future; Would it Solve the CO2-emission Problem?" http://begeer.opvit.rug.nl/deenen/Nuclear_sustainability_rev3.doc, October 12, 2004.

6. Ibid.

7. J. W. Storm van Leeuwen, "Nuclear Power-Some Facts," August 10, 2005, p. 10.

8. NEA-IAEA. *Uranium 2003: Resources, Production and Demand*(Paris: OECD, 2004).

9. 줄은 에너지의 단위로, 1줄은 한 번의 심장박동에 대한 에너지이다. 100와트의 등은 초당 100줄의 에너지를 소모하며, 물 1리터를 섭씨 1도 올리기 위해서는 4800줄(4.8킬로줄)이 필요하다. 1기가줄은 10억 줄이다.

10. Storm van Leeuwen and Smith, "Can Nuclear Power Provide Energy for the Future," Chapter 2, p. 4-8.

11. Ibid., Chapter 4, p. 4.

12. Ibid.

13. Personal communication with Brice Smith at IEER, Institute for Energy and Environmental Research, e-mail message to author, October 7, 2004.

14. Checklick, June 8, 2004.

15. Storm van Leeuwen and Smith, "Can Nuclear Power Provide Energy for the Future," Chapter 2, p. 9-10.

16. Ibid., Chapter 3, p. 10-12.

17. Ibid.

18. Ibid.

19. Ibid.

20. Ibid.

21. Ibid., Chapter 4, p. 2-8.

22. J. W. Storm van Leeuwen, "Radioactive Discharges from Nuclear Power: Sustainability and Nuclear Power," Chapter 5, November 16, 2005.

23. Storm van Leeuwen and Smith, "Can Nuclear Power Provide Energy for the Future," Chapter 4, p. 6

24. Storm van Leeuwen, "Nuclear Power-Some Facts," p. 7.

25. BP Statistical Review of World Energy, June 2005, www.bp.com/statisticalreview2005; and Storm van Leeuwen and Smith, "Can Nuclear

Power Provide Energy for the Future," Chapter 2, p. 12.

26. Storm van Leeuwen and Smith, "Can Nuclear Power Provide Energy for the Future," Chapter 5, p. 9.

27. 핵연료주기는 유독한 화합물들을 대량으로 사용하며, 이들 다수는 강력한 지구온난화 기체들을 형성한다. 연간 농축된 우라늄 235의 20.3톤을 원자로 한 곳에 공급하기 위해서는 천연 우라늄 162톤이 6불화우라늄으로 전환되어야 하는데, 이 과정은 77.6톤의 불소기체를 요구한다. 농축된 우라늄 235는 핵연료를 위해 산화우라늄으로 전환되고 9.72톤의 불소를 방출한다.

열화우라늄 238의 6불화우라늄 기체 141.7톤은 수십만 개의 강철 용기들에 저장된다. 6불화우라늄은 매우 반응성이 크기 때문에 이 강철 용기들 다수에서는 거의 확실하게 누출이 계속되고 있다. 전 세계적으로 약 6만 8000톤의 천연 우라늄이 매년 불소 처리되는데, 이를 위해서는 불소 3만 2600톤이 필요하다. 불소기체는 매우 위험하며, 많은 다른 화학물질들과 결합하는 반응성이 커서 강력한 온실가스들이 유기용매와의 불소 반응에 의해 형성된다. 또한 이 기체들은 우라늄 농축의 부산물로서 대기로 방출된다(J. W. Storm van Leeuwen, "Nuclear Power-the Energy Balance, Some Details of the Front End of the Nuclear Process Chain," November 18, 2005).

우라늄 연료봉의 외부 피복재인 지르코늄은 염소로 정제되는데, 염소 또한 지구온난화 가스의 잠재적인 또 다른 원천이다. 원자력발전소를 위한 지르코늄 합금이 연간 7600톤에서 1만 5200톤 생산되며, 이는 최소 1만 1700톤에서 2만 3400톤 사이의 염소를 필요로 한다. 상당한 양의 염소화합물이 필연적으로 대기에 방출되는데, 결국 이 염소 기체들은 매우 강력한 지구온난화 기체 생성의 원인이 된다(Storm van Leeuwen, "Nuclear Power-the Energy Balance," p. 2).

반 뤼벤은 "원자력산업계는 핵에너지가 탄소나 온실가스를 방출하지 않는다고 주장하기 전에, 연료사슬의 모든 과정들에 있어서 이산화탄소와 다른 모든 온실가스들의 방출에 대해 철저하게 분석함으로써 산업계 자멸의 위험성도 감수해야 한다"고 지적했다(J. W. Storm van Leeuwen, "Uranium and Greenhouse Gases," August 13, 2005).

28. Arjun Makhijani and Brice Smith, IEER, Institute for Energy and Environmental Research, July 26, 2005.

29. Ibid., Michael Mariotte, "Nuclear Power is Wrong Answer," *NIRS*, May 27, 2005; and Storm van Leeuwen and Smith, "Can Nuclear Power Provide Energy for the Future?," Chapter 5, p. 7-8.

30. Storm van Leeuwen and Smith, "Can Nuclear Power Provide Energy for the Future?," Chapter 2, p. 12.

31. Personal e-mail communication with Jan Willem Storm van Leeuwen, March 11, 2006.

2. 납세자의 세금을 탕진하는 핵에너지

1. Andrew Simms, Petra Kjell, and David Woodward, "Mirage and Oasis: Energy Choices in an Age of Global Warming," New Economics Foundation, http://www.neweconomics.org, June 29, 2005.
2. "Nuclear Price Tag," *New Scientist*, July 2, 2005.
3. "Nuclear Power the Shape of Things to Come? Climate Change Is Helping a Revival of the Nuclear Industry, Though Its Economics Still Look Dodgy," *The Economist*, July 7, 2005.
4. Ibid.
5. John Deutch, et al., "The Future of Nuclear Power: An Interdisciplinary MIT Study"(Cambridge, MA: Massachusetts Institute of Technology, 2003), p. 38.
6. "President Discusses Energy Policy, Economic Security," Calvert Cliffs Nuclear Power Plant, Lusby, Maryland, http://www.whitehuse.gov/infocus/energy, june 22, 2005.
7. Green Scissors, "Running on Empty: How Environmentally Harmful Energy Subsidies Siphon Billions from Taxpayers," Green Scissors campaign, http://www.foe.org/res/pubs/pdf/running.pdf, 2002 (cited February 18, 2005).
8. "NRDCs Perspective on Nuclear Power," NRDCs nuclear program, Natural Resources Defense Council Issue paper, June 2005.
9. Hermann Scheer, "Nuclear Energy Belongs in the Technology Museum," http://www.renewableenergyaccess.com/rea/news/story?id=19012. Renewable Energy Access(cited November 24, 2004).
10. Peter Bradford, "Nuclear Power's Prospects in the Power Markets of the 21st Century," Washington DC: The Non-Proliferation Education Center, January 2005.
11. "Nuclear Power-The Shape of Things to Come?"
12. Shankar Vedantam, "Uncertainties Slow Push for Nuclear Plans, Cost of Building New Facilities, Concerns About Waste Disposal Are Cited," *Washington post*, July 24, 2005.

13. Ibid.

14. Christopher Sherry, "Throwing Good Money after Bad: Nuclear Power as a Clean Air 'Solution,'" Nuclear Information and Resource Service, http://www.nirs.org/climate/background/seccnukescleanair, July 19, 2005.

15. "Nulcear Power-The Shape of Things to Come?"

16. "Utilities Show Renewed Interest in Nuclear Power," AP, June 14, 2005.

17. Kelpie Wilson, "Exponential Enrons Ahead," Truthout/perspective, http://www.truthout.org/docs_2005/printer_062305A.shtml, June 23, 2005(accessed June 24, 2005).

18. Ibid.

19. Ibid.

20. "Nuclear Power-The Shape of Things to come?"

21. Philip Ward, "Unfair Aid: The Subsidies Keeping Nuclear Energy Afloat across the Glove," *Nuclear Monitor*, NIRS and WISE,#630−631, North American edition, June 30, 2005.

22. "U.S. Energy Legislation May Be 'Renaissance' for Nuclear Power," *Bloomberg*, June 22, 2005.

23. Ibid.

24. Ibid.

25. Natural Resources Defense Council, "NRDC's Perspective on Nuclear Power," NRDC nuclear program, Issue Paper, June 2005.

26. Ibid.

27. Bradford, "Nuclear Power's Prospects in the Power Markets of the 21st Century."

28. International Energy Agency, *Nuclear Power: Sustainability, Climate Change and Competition*(Paris: IEA, 1998).

29. Philip Ward, "Unfair Aid."

30. Personal e-mail with Frieda Berryhill, June 22, 2005.

31. Ibid.

32. European Environment Agency, "Energy Subsidies in the European Union: A Brief Overview," EEA Technical Report 1(Copenhagen: EEA, 2004).

33. Ward, "Unfair Aid."

34. Ibid.

35. Nuclear Energy Agency, Organization for Economic Cooperation and Development, "Revised Nuclear Third Party Liability Conventions Improved Victims' Rights to Compensation." Press Communiqué, http://www.nea.fr/html/general/press/2004/2004-01.html(cited February 13, 2004).

36. Ward, "Unfair Aid."

37. "Energy Supply and Other Defense Activities," Office of Nuclear Energy, Science and Technology, FY 2005, Congressional Budget.

38. Ibid.

39. M. Goldberg, "Federal Energy Subsidies: Not All Technologies Are Created Equal," REPP Research Report, http://www.crest.org/repp_pubs/pdf/subsidies.pdf,July 2000(accessed April 23, 2005).

40. A. Froggatt, "The EU's Energy Support Programmes: Promoting Sustainability of Pollution?" Greenpeace International, http:// greenpeace. org/international_en/multimedia/download/1/459479/0/EUsubsidiesReport.pdf, April 2, 2004(accessed March 1, 2005).

3. 원자력과 방사선, 그리고 질병

1. www.ncbi.nlm.nih.gov/omim/mimstats.htm/, March 8, 2006.

2. Richard R. Monson, Chair, and James S. Cleaver, Vice Chair, "Low Levels of Ionizing Radiation May Cause Harm," The National Academy of Sciences, BEIR VII report, June 29, 2005.

3. Ibid.

4. Ibid.

5. Ibid.

6. Susan S. Devesa, et al., "Recent Cancer Trends in the United States," *Journal National Cancer Institute* 87(February 1995): 175-82.

7. J. G. Gurney, et al., "Trends in Cancer Incidence among Children in the U.S.," *Cancer* 78, no.3(August 1, 1996): 532-41; and J. J. Mangano, "A Rise in the Incidence of Childhood Cancer in the United States," *International Journal of Health Services* 29, no. 2(1999): 393-408.

8. Monson and Cleaver, "Low Levels of Ionizing Radiation May Cause Harm."

9. Ibid.

10. Jon D. Erickson, Duane Chapman, and Ronald E. Johnny, "Monitored Retrievable Storage of Spent Nuclear Fuel in Indian Land: Liability, Sovereignty, and Socioeconomics," *American Indian Law Review* 19, no. 1(1994): 88.

11. "Navajos 'Chop the Legs Off the Uranium Monster,'" *WISE/NIRS Nuclear Monitor*, May 13, 2005.

12. Keith Schneider, "A Valley Death for Navajo Uranium Miners," *New York Times*, May 3, 1993; and Patricia Kahn, "A Grisly Archive of Key Cancer Data," *Science* 259(January 22,1993).

13. "Navajos 'Chop the Legs Off the Uranium Monster.'"

14. Ibid.

15. Ibid.

16. Michael E. Long, "Half Life: The Lethal Legacy of America's Nuclear Waste," *National Geographic*, July 2002.

17. Helen Caldicott, *Nuclear Madness*(New York: Norton, 1994); and Erickson, Chapman, and Johnny, "Monitored Retrievable Storage of Spent Nuclear Fuel in Indian Land."

18. Ibid.

19. Caldicott, *Nuclear Madness*.

20. Long, "Half Life."

21. Personal e-mail from Doug Rokke, March 11, 2006, former Director of U.S. Army Depleted Uranium Project.

22. Caldicott, *Nuclear Madness*.

23. Ibid.

24. J. W. Storm van Leeuwen, "Radioactive Discharges from Nuclear Power," in *Sustainability and Nuclear Power*, November 16, 2005.

25. E-mail communication with David Lochbaum, Union of Concerned Scientists, September 2005.

26. T. Chandrasekaran, J. Y. Lee, and Charles A. Willis, "Calculation of Releases of Radioactive Materials in Gaseous and Liquid Effluents from Pressurized Water Reactors(PWR-GALE code)." U.S. Nuclear Regulatory Commission, Office of Nuclear Reactor Regulation-0017, April 1978(the most recent version).

27. Caldicott, *Nuclear Madness*.

28. Steve Wing, "Objectivity and Ethics in Radiation Biology," *Environ-*

mental Health Perspectives 3, no. 14(November 2003).

29. Kay Drey, "Why Routine Radioactive Releases Occur," Unpublished paper, University City, MO: 1985.

30. Ibid.

31. Chandrasekaran, Lee, and Willis, "Calculation of Releases of Radioactive Materials."

32. Ibid.; R. Lowry Dobson, "The Toxicity of Tritium," International Atomic Energy Commission Symposium, *Biological Implications of Radionuclides Released From Nuclear Industries*, 1(Vienna: IAEA, 1979): 203; P. Torok, W. Schmahl, I. Meyer, and G. Kistner, "Effects of a Single Injection of Tritiated Water During Organogeny on the Prenatal and Postnatal Development of Mice," International Atomic Energy Commission Symposium, *Biological Implications of Radionuclides Released From Nuclear Industries*, 1(Vienna: IAEA, 1979): 241; and T.E.F. Carr and J. Nolan, "Testis Mass Loss in the Mouse Induced by Tritiated Thymidine, Tritiated Water and 60Co Gamma Radiation," *Health Physics* 36(February 1978): 135–145.

33. T. Rytomaa, J. Saltevo, and H. Toivonen, "Radiotoxicity of Tritium Labelled Molecules," International Atomic Energy Commission Symposium, *Biological Implications of Radionuclides Released From Nuclear Industries*, 1(Vienna: IAEA, 1979): 339; and Z. Pietrzak–Flis, I. Radwan, A. Major, and M. Kowalska, "Tritium Incorporated in Rats Chronically Exposed to Tritiated Food or Tritiated Water for Three Successive Generations," *Journal of Radiation Research*, 22(1982): 434–42.

34. DOE–HDBK–1079–94 Primer on Tritium.

35. J. R. Watts and C. E. Murphy Jr., "Assessment of Potential Radiation Dose to Man From an Acute Tritium Release into a Forest Ecosystem," *Health Physics* 35 (August): 287–91.

36. Drey, "Why Routine Radioactive Releases Occur."

37. Ibid.

38. Dr. Ernest Sternglass, e–mail to the author, August 2, 2005

39. Ibid.

40. Ibid.

41. Kay Drey, telephone conversation, October 2005.

42. Chandrasekaran, Lee, and Willis, "Calculation of Releases of Radi-

oactive Materials."

43. 나는 1975년 고프먼과 탬플린이 저술한 《오염의 동력》을 읽고 원자력의 의학적 결과들에 대해 처음으로 알게 되었다. 이후 나는 원자력산업계에 어떻게 폐기물을 처리할 것인가를 계속 질문해 왔다. 그들은 자신들이 훌륭한 과학자들이며, 언젠가는 방사성 폐기물의 완전한 처리방법을 발견할 것이라고 오만하게 말했다. 나는 내 질문에 대한 만족스러운 답변을 결코 들어본 적이 없다. 이 상황은 환자에게 '당신은 췌장암을 앓고 있으며 아마도 6개월 내에 죽겠지만, 나는 훌륭한 과학자이며 20여 년 후면 치료법을 발견할 것'이라고 안심시키는 것과 유사하다.

44. Grigori Medvedev, *The Truth about Chernobyl*(New York: Basic Books, 1991).

45. Brookhaven National laboratory Annual Report to EPA Region II for 1993 Compliance with 40 C.F.R. 61, Section 94 Reporting Requirements, table 2: Facility Radionuclide Emissions, "Removal of the BGRR Above Ground Ducts Projects," June 8, 2000, Revision 2, p. 6. Surface contamination of ducts of CS137 Ranges from $8,500 \pm 2600$ pci/㎠ to $24,100 \pm 1600$ pci/㎠(pci=picocuries).

45a. Suffolk County Law Resolution No. 728-2000, amended by Resolution No. 906-2000 "Creating the Suffolk county Legislature Rhabdomyoma Task Force."

46. John W. *Gofman, Radiation-Induced Cancer from Low-Dose Exposure: An Independent Analysis*, 1st ed. (San Francisco: Committee for Nuclear Responsibility, 1990), p. 16.

47. Greg Minor, former G.E. nuclear engineer, MHB Technical Associates, telephone conversation, November 1992; and Daniel F. Ford, Henry W. Kendall, and Lawrence S. Tye, Union of Concerned Scientists, "Browns Ferry and Regulatory Failure," June 10, 1976.

48. Wing, "Objectivity and Ethics in Environmental Health Science."

49. Steve Wing, telephone conversation, November 2005.

50. Caldicott, *Nuclear Madness*.

51. Dr. Karl G. Morgan, "Missing and Inadequate Date on Radionuclide Releases and Population Doses Resulting from TMI−2 Accident of March 28, 1979−Reasons for Concern," notes made on March 24, 1982.

52. M. Wahlen, et al., "Radioactive Plume from the Three Mile Island Accident: Xenon−133 in Air at a Distance of 375 Kilometers," *Science*

297(February 8, 1980).

53. Personal telephone conversation with David Lochbaum on January 21, 2005.

54. "The American Experience: Meltdown at Three Mile Island," PBS, March 1999.

55. Morgan, "Missing and Inadequate Data on Radionuclide Releases and Population Doses Resulting TMI-2 Accident of March 28. 1979."

56. Carl J. Johnson, MD, "Transuranics and the Impact on Health," statement made at press conference, Washington DC, May 28, 1985.

57. 핵정보자원서비스(Nuclear Information Resource Services)의 폴 건터(Paul Gunter)와 2005년 11월 10일 전화로 대화했다. 스리마일 아일랜드는 체스피크 만으로 폐수와 냉각수를 방출하는 유일한 원자로가 아니다. 다른 열 개의 원자로들, 즉 서스쿼해나 1호기와 2호기, 피치보텀 2호기와 3호기, 칼버트 클리프스 1호기와 2호기, 노스 안나 1호기와 2호기, 그리고 서리 1호기와 2호기 또한 여기에 해당된다. 각 원자로는 대략 분당 100만 갤런의 냉각수를 사용하고, 그것은 방사능을 띤 물로서 강에 배출된다.

58. "Suit Claims Damage from TMI Venting," *The Daily News*, June 23, 1982.

59. Beth Snyder, "TMI to Dispose of Contaminated Water," *York Daily Record*, November 28, 1990.

60. Wing, "Objectivity and Ethics in Environmental Health Science."

61. John C. Stauber and Sheldon Rampton, "Spin Dr. Strangelove, or How We Learned to Love the Bomb," *PR Watch*, 2, no. 4, Fourth Quarter, 1995.

62. Caldicott, *Nuclear Madness*.

63. Wing, "Objectivity and Ethics in Environmental Health Science."

64. Joseph Mangano, "Three Mile Island: Health Study Meltdown," *Bulletin of the Atomic Scientists*(September/October 2004).

65. Food and Drug Administration Sample Analysis, Three Mile Island Accident, April 11, 1979.

66. Interoffice memorandum on Hershey's stationery, C. J. Crowell to W. J. Crook, April 11, 1979.

67. Letter to Dr. Carl Y. Wong, Group Leader Product Research, Hershey Foods Corporation Research Laboratories, from K.K.S. Pillay, Associated Professor, Nuclear Engineering, Pennsylvania State University, College of Engineering, April 16, 1979.

68. Richard Kauffman, "Iodine 131 Levels Said Insignificant," *Sunday Patriot News*, Harrisburg PA. April 8, 1979.

69. Wing, "Objectivity and Ethics in Science."

70. Ibid.

71. Ibid.

72. Ibid.

73. Ibid.

74. Ibid.

75. Ibid.

76. Mangano, "Three Mile Island: Health Study Meltdown."

77. Karl Z. Morgan, "Health Physics: Its Development, Successes, Failures and Eccentricities," *American Journal of Industrial Medicine* 22(1992): 125–33.

78. Telephone Conversation With Greg Minor, 1994.

79. "EFMR Completes Settlement Requirements," 2005 biennial report, EFMR Monitoring Group, http://www.efmr.org(accessed November 10, 2005).

80. Marian Uhlman, "Study Shows High Cancer Rates in Area," *Philadelphia Enquirer*, November 19, 2002.

81. Mary Warner, "$3.9 million OK'd for TMI Injury Claims," *The (Harrisburg, PA) Patriot*, February 7, 1995.

82. Mycle Schneider, "The Chernobyl Disaster: A Human Tragedy for Generations to Come," *IPPNW Global Health Watch*, no. 4(Cambridge, MA: IPPNW, September 2004); Chernobyl Forum Report, 2005, http://www.iaea.org/Newscenter/Focus/Chernobyl/pdfs/05–28601_Chernobyl.pdf.

83. Richard Bramhall, Chris Busby, and Paul Dorfman, *CERRIE Minority Report 2004*, UK Department of Health/Department of Environment Committee Examining Radiation Risks of Internal Emitters, Aberystwyth: Sosiumi Press, 2004.

84. Medvedev, *The Truth about Chernobyl*, p. 32.

85. Gofman, *Radiation-Induced Cancer from Low-Dose Exposure*.

86. Schneider, "The Chernobyl Disaster."

87. Julie Godoy, "French Finally Confront Chernobyl Risks," *IPS*, April 1, 2005.

88. Ibid.

89. Schneider, "The Chernobyl Disaster."

90. Godoy, "French Finally Confront Chernobyl Risks."

91. Report of the Government of Ukraine, Annex Ⅲ of UNSG, "Optimizing the International Effort to Study, Mitigate and Minimize the Consequences of the Chernobyl Disaster," Report of the Secretary General, UN General Assembly, August 29, 2003; 1991년 우크라이나 정부는 2000명의 사람이 "체르노빌 재난과 연관된 정신적·육체적 결함"을 가졌다고 언급했다. 그러나 이 수는 2003년 1월 1일까지 거의 10만 명으로 증가하였다. 2000년 WHO는 가장 심한 영향을 받은 지역 젊은이들에게서 50만 건의 갑상선암 발병 사례가 새롭게 보고될 것이라고 예측했다. 《뉴사이언티스트》는 가장 오염된 지역들에서 90배의 갑상선암 증가가 있을 것이며, 방사선량과 암발생률 사이에 유의미한 상관관계가 있다고 보고했다.

92. Schneider, "The Chernobyl Disaster."

93. UN-OCHA, "Chernobyl: Needs Great 18 Years after Nuclear Accident," United Nations Office for the Coordination of Human Affairs, press release, New York, April 26, 2004.

94. UNDP, UNICEF, "The Human Consequences of the Chernobyl Nuclear Accident-A Strategy for Recovery," Report commissioned by UNDP and UNICEF with the support of UN-OCHA and WHO, January 25, 2002.

95. Martain Tondel, et al., "Increase of Regional Total Cancer Incidence in North Sweden Due to the Chernobyl Accident?" *Journal of Epidemiology and Community Health* 58(2004): 1011-16.

96. Godoy, "French Finally Confront Chernobyl Risks."

97. Dr. David R. Marples, "Chernobyl Ten Year Later-The Facts," University of Alberta, Canada, March 21, 1996.

4. 사고 또는 테러에 의한 원자로용해

1. Paul Gunter, Director of the Reactor Watchdog Project, Nuclear Information Resource Services, Telephone Conversation, November 10, 2005.

2. Paul Gunter, Director of the Reactor Watchdog Project, "Davis-Besse Nuclear Plant Comes Close to Disaster as Lax Regulator Places Company Interests Ahead of Public Safety," Nuclear Information Resource

Services, March 13, 2002.

3. David Lochbaum, *US Nuclear Plants in the 21st Century: The Risk of a Lifetime*(Cambridge, MA: Union of Concerned Scientists, 2004).

4. Ibid.

5. *NRC Information Digest*, NUREG 1350, 16, rev. 1, 2004–2005.

6. David Lochbaum, Testimony on Nuclear Power before the Clean Air, Wetlands, Private Property, and Nuclear Safety Subcommittee of the United States Senate Committee on Environment and Public Works, May 8, 2001. Union of Concerned Scientists, 1707 H Street, NW, Suite 600, Washington DC, 20006–3919

7. David Lochbaum, "Nuclear Power Plant Safety in Region C," in *US Nuclear Plants in the 21st Century: The Risk of a Lifetime*(Cambridge, MA: Union of Concerned Scientists, 2004).

8. Ibid.

9. Ibid; and report from state of New York, February 15, 2000, "Event at Indian Point 2," http://www.dps.state.ny.us/ip2report.htm.

10. Ibid; Letter from Steven Long, NRC, to John Groth, Senior Vice President, Nuclear Operations, Consolidated Edison Company of New York, November 20, 2000 – subject: "Final Significance Determination for a Real Finding and Notice of Violation at Indian Point 2"; and letter to Honorable Edward J. Markey, August 17, 2004 from the Nuclear Regulatory Commission.

11. Ibid.

12. David Lochbaum, Testimony on Nuclear Power before the Clean Air, Wetlands, Private Property, and Nuclear Safety to the Subcommittee on Environment and Public Works.

13. Ibid.

14. Ibid.

15. Lochbaum, "Nuclear Power Plant Safety in Region C."

16. Ibid.

17. Paul Schwartz, "For Nuclear Power, the Heat Is On," WBAI Pacifica Radio, November 11, 2003.

18. Wolf Blitzer, CNN Anchor, August 12, 2003; and "France Frets Over Nuke Plants and Heatwave Toll," Planet Ark, France, August 12, 2003.

19. Ibid.

20. Keay Davidson, "Reassessing 'What If' Factor at State's Nuclear Power

Plants: December Tsunami Prompts Scientists to Review All Risks,"
San Francisco Chronicle, July 11, 2005; and Humbolt Bay, 1.0 Site
Identification, Location Eureku, CA, Licence No. DPR-7, Docket No:
50-133, Project Manager, John Hackman, September 16, 2005.

21. Edwin S. Lyman, "Chernobyl on the Hudson: The Health and Economic Impacts of a Terrorist Attack at the Indian Point Nuclear Plant," Union of Concerned Scientists, September 2004.

22. Ibid.

23. John H. Large, "The Aftermath of September 11: The Vulnerability of Nuclear Plants to Terrorist Attacks," *IPPNW Global Health Watch*, Report no. 4, 2004.

24. Ibid.

25. Daniel Hirsch, David Lochbaum, and Edwin Lyman, "The NRC's Dirty Little Secret," *Bulletin of the Atomic Scientists*, May/June 2003.

26. Large, "The Aftermath of September 11."

27. Ibid.

28. Hirsch, Lochbaum, and Lyman, "The NRC's Dirty Little Secret."

29. Ibid.

30. Mark Thompson, "Are These Towers Safe? Why America's Nuclear Power Plants Are Still So Vulnerable to Terrorist Attack—And How to Make Them Safer," *Time*, June 20, 2005.

31. Ibid.

32. Ibid.

33. Hirsch, Lochbaum, and Lyman, "The NRC's Dirty Little Secret."

34. Ibid.

35. Ibid.

36. Thompson, "Are These Towers Safe?"

37. Ibid.

38. Ibid.

39. Ibid.

40. Ibid.

41. Ibid.

42. 이 단락에 인용된 자료의 출처는 '우려하는 과학자동맹'의 에드윈 라이먼 (Edwin Lyman) 박사에 의해 출간된 인디언포인트의 원자로용해에 대한 뛰어난 연구이다. Edwin S. Lyman, "Chernobyl on the Hudson: The Health and Economic Impacts of a Terrorist Attack at the Indian Point

Nuclear Power Plant," Union of Concerned Scientists, September 2004.

43. Ibid.

44. Ibid.

45. Ibid.

46. Ibid.

47. Ibid.

48. Ibid.

49. Ibid.

50. Ibid.

51. Ibid.

52. Ibid.

53. Ibid.

54. Ibid. 라이먼의 보고서는 그 모델에서 사용된 특별한 시나리오와 은신 매개변수들을 고려하면 은신하는 것이 사리에 맞음을 발견한다. 그러나 그 보고서는 이런 결과들은 시나리오에 매우 의존적이며, 은신이 더 선호되는 전략인 강제퇴거를 대체할 상황까지는 가지 않는다고 지적한다.

55. Ibid.

56. Ibid.

57. Ibid.

58. Ibid.

59. Lyman, "Chernobyl on the Hudson."

60. 1998년 미국 원자력규제위원회는 NUREG-1633이라고 부르는 비관적인 보고서를 만들었다. 여기서 그들은 10마일 범위 내의 성인 갑상선이 받는 방사선량은 모진 기후가 연속(비)되는 동안 1500렘에서 1만9000렘 사이에 걸쳐 있을 수 있다고 보았다. 그들은 그런 방사선량이 격렬한 원자력 사고동안 명확하게 가능하다고 밝혔다(F. J. Congel, et al., "Assessment of the Use of Potassium Iodide (KI) as a Public Protective Action During Severe Reactor Accidents," Draft report for comments, NUREG-1633, U.S. Nuclear Regulatory Commission, July 1998). 그렇지만 원자력규제위원회는 이런 중요하고도 불리한 기록이 대중에 노출되지 않도록 했다(Lyman, "Chernobyl on the Hudson").

61. World Health Organization, *Guideliness for Iodine Prophylaxis Following Nuclear Accidents* sec. 3.3(Geneva: WHO, 1999).

62. Ibid.

63. Lyman, "Chernobyl on the Hudson."

64. Ibid.

65. Ibid.

66. 이 장의 나머지 부분에 대한 정보는 2003년 《사이언스 앤드 글로벌 시큐리티 *Science and Global Security*》에 게재된 논문에서 꾸준히 모은 것이다. Robert Alveraz, et al., "Reducing the Hazards from Stored Spent Power Reactor Fuel in the United States," *Science and Global Security* 11 (2003): 1-51.

67. Personal e-mail communication with David Lochbaum, March 15, 2006.

68. Robert Alveraz, et al., "Reducing the Hazards from Stored Spent Power Reactor Fuel in the United States," *Science and Global Security* 11: 1-51, 2003.

69. Geoffrey Lean, "Attack on Nuclear Plant 'Could Kill 3.5m,'" The Independent, Online Edition, http://news.Independent.co.uk/uk/environment/story.jsp?story=378739, February 16, 2003.

5. 인류의 재앙이 되어버린 핵폐기물

1. 다른 종류의 방사성 폐기물은 초우라늄 방사성 폐기물, 저준위 및 혼합 저준위 방사성 폐기물, 그리고 광미들을 포함한다. 초우라늄 방사성 폐기물은 플루토늄이나 그것의 치명적인 알파 방출체 관련물들(넵투늄, 아메리슘, 퀴륨, 아인슈타이늄 등)로 오염된 물질로서 도구와 의복, 여과기들 및 다른 오염된 물체들로 구성된다. 뉴멕시코 칼즈배드의 한 암염갱(岩鹽坑)이 초우라늄 방사성 폐기물 일부를 받도록 개방되었고, 1130만 톤은 수많은 정부관리 부지에 매장되어 있다.

저준위 및 혼합 저준위 방사성 폐기물은 병원과 산업적 연구의 부산물, 그리고 제도적 폐기물과 공기 여과기, 의복, 폐로된 발전소들과 도구들로부터 오염된 물질들을 포함한다. 이는 대략 4억7200만 입방피트에 달하며, 우라늄 채굴과 제련으로부터 발생한 광미는 2억6500만 톤에 달한다.

피터 에식(Peter Essick)은 2002년 7월 《타임》지에서 이런 방사성 폐기물 문제를 광범위하게 다뤘다. 그때 그는 이렇게 기술하기도 하였다. "궤도 차량에 이 광미들을 적재하라. 그리고서 탱크탑재 차량 안으로 9100만 갤런의 폐기물을 부어라. 그러면 당신은 적도 부근의 그 어딘가에 도달할 신화 속의 기차를 가질 것이다"(Peter Essick, "Half Life NRC, NUREG-1350, The Lethal Legacy of America's Nuclear Waste," *Time*, http://www.nrc.gov/ reading-rm/doc-collections/nuregs/staff/sr1350, July 2002).

2. Dr. Paul P. Craig, former member of the U.S. Nuclear Waste Technical Review Board, "Yucca Mountain-Time to Slow Down," August 14, 2005.

3. Ibid.

4. "Background Status of High-Level Nuclear Waste Management," Nuclear Information and Resource Service, August 1992; "Stop the Yucca Mountain Nuclear Waste Dump," Greenpeace, c/o Nuclear Information and Resource Service; and personal e-mail communication with Paul Craig, January 17, 2005.

5. Personal e-mail communication with Paul Craig, January 17, 2005.

6. Presentation to the California Energy Commission, energy.ca.gov/2005_energypolicy/documents/2005_08_15_16_workshop/presentations/panel−1/Craig_Yucca_Mountain.pdf, August 14, 2005.

7. Helen Caldicott, *Nuclear Madness* (New York City: WW Norton, 1994).

8. Personal e-mail communication with Judy Treichel, Executive Director, Nevada Nuclear Waste Task Force, January 22, 2006.

9. Direct quote from Paul Craig, used by Treichel.

10. Caldicott, *Nuclear Madness*; and personal e-mail communication with Treichel.

11. Nevada State web site, "Chronology of Selected Yucca Mountain Emails," http://www.state.nv.us/nucwaste/september 9, 2005.

12. Ibid.

13. Ibid.

14. Ibid.

15. Ibid.

16. "EPA Proposing Radiation Exposure Limits," AP, August 9, 2005.

17. Craig, "Yucca Mountain."

18. "EPA Proposing Radiation Exposure Limits," AP, August 9, 2005.

19. Nevada State web site, "Chronology of Selected Yucca Mountain Emails,"

20. http://www.state.nv.us/nucwaste/news2005/pdf/ymchron0.1.pdf.

21. Personal e-mail communication with Craig.

22. Personal telephone conversation with Paul Gunter, Director of the Reactor Watchdog Project, Nuclear Information Research Services, March 14, 2006.

23. "EPA Proposing Radiation Exposure Limits," Associated Press, August

10, 2005.

6. 예측할 수 없는 잠재된 위험, 제4세대 원자로

1. American Nuclear Society, "World List of Nuclear Power Plants," *Nuclear News*, March 2005.

2. Ibid.

3. Helmut Hirsch, Oda Becker, Mycle Schneider, Anthony Froggatt, "Nuclear Reactor Hazards: Ongoing Dangers of Operating Nuclear Technology in the 21st Century," Greenpeace International, April 2005; and David Lochbaum, "A Plan for Change or a Worst-Case Scenario," February 8, 2005.

4. American Nuclear Society, "World List of Nuclear Power Plants."

5. Anthony DePalmer, "Canadians Export a Type of Reactor They Close Down," *New York Times*, December 3, 1997.

6. Hirsch, et al., "Nuclear Reactor Hazards: Ongoing Dangers of Operating Nuclear Technology in the 21st Century."

7. Ibid.

8. "Magnox Reactor," http://www.westinghousenuclear.com/C1a8.asp.

9. Hirsch, et al., "Nuclear Reactor Hazards."

10. Ibid.

11. Ibid.

12. Ibid.

13. David Lochbaum, statement submitted to the House Government Reform Subcommittee on Energy Resources, "The Next Generation of Nuclear Power," June 29, 2005.

14. Ibid.

15. David Brewer, "Nuke Plant Plans Aired," *Huntsville (AL) Times*, August 5, 2005.

16. Hirsch, et al., "Nuclear Reactor Hazards."

17. Ibid; and Lochbaum, "The Next Generation of Nuclear Power."

18. Ibid.

19. "Advanced Reactor Study," MHB Technical Associates, Consultants on Energy, released by the Union of Concerned Scientists, July, 1980.

20. Hirsch, et al., "Nuclear Reactor Hazards."

21. "Advanced Reactor Study."

22. Personal e-mail communication with David Lochbaum, January 9, 2006.

23. Ibid.

24. David Lochbaum, Testimony on Nuclear Power before the Clean Air, Wetlands, Private Property, and Nuclear Safety Subcommittee of the United States Senate Committee on Environment and Public Works, May 8, 2001.

25. John Deutch, et al., "The Future of Nuclear Power: An Interdisciplinary MIT Study," p. 38, Cambridge, MA: Massachusetts Institute of Technology, 2003.

26. "NRDC's Perspective on Nuclear Power," Natural Resources Defense Council, Issue Paper, June, 2005.

27. Personal telephone conversation with David Lochbaum, March 11, 2006.

28. "Windscale Fire," Wikipedia, http//en.wikipedia.org/wiki/windscale _fire.

29. "NRDC's Perspective on Nuclear Power."

30. Ibid.

31. Personal telephone communication with Tom Cochran, NRDC, September, 2005.

32. Hirsch, et al., "Nuclear Reactor Hazards"; and "Advanced Reactor Study."

33. Hirsch, et al., "Nuclear Reactor Hazards."

34. Lochbaum, "A Plan for Change or a Worst−Case Scenario."

35. Personal telephone conversation with David Lochbaum, March 11, 2006; and statement submitted by David Lochbaum to the House Government Reform Subcommittee on Energy Resources.

36. Statement submitted by David Lochbaum to the House Government Reform Subcommittee on Energy Resources.

37. Hirsch, et al., "Nuclear Reactor Hazards."

38. Ibid.

39. Ibid.

40. Ibid.

41. Ibid.

7. 대량 살상무기인 핵무기와 핵에너지

1. Ian Cobain and Ewen MacAskill, "Nuclear Arms Supermarket Doing a Roaring Trade," *Sydney Morning Herald*, October 10, 2005.

2. "NRDC's Perspective on Nuclear Power," Natural Resources Defense Council, Issue Paper, June 2005.

3. Allison MacFarlane, Frank von Hippel, Jungmin Kang, and Robert Nelson, "Plutonium Disposal: The Third Way," *Bulletin of the Atomic Scientists*, May/Jun 2001.

4. Helen Caldicott, *Nuclear Madness*(New York: W.W. Norton, 1994).

5. MacFarlane, et. al., "Plutonium Disposal the Third Way."

6. Ibid.

7. Arjun Makhijani, "Nuclear Power, No Solution to Global Climate Change," Paper, Takoma Park, MD: Institute for Energy and Environmental Research, March 1998.

8. Ibid.

9. Personal telephone communication with David Lochbaum, Union of Concerned Scientists, January 18, 2005.

10. Ibid.

11. "NRDC's Perspective on Nuclear Power," Natural Resources Defense Council, Issue Paper, June 2005.

12. "Uranium Enrichment and Fuel Fabrication??Current Issues," WISE Uranium Project, http://www.wise-uranium.org(accessed September 6, 2005).

13. Ibid.

14. Zia Mian and M. V. Ramana, "Feeding the Nuclear Fire," *Foreign Policy in Focus*(September 20, 2005); and "NRDC's Perspective on Nuclear Power."

15. James Sterngold, "Experts Fear Nuke Genie's Out of the Bottle: Arms Technology Spreading Beyond Iran, North Korea," *San Francisco Chronicle*, November 22, 2004.

16. Ibid.

17. Ibid.

18. Mian and Ramana, "Feeding the Nuclear Fire."

19. Helen Caldicott, *The New Nuclear Danger: George Bush's Military Industrial Complex*, New York: The New Press, 2004.

20. Bruce G. Blair, Harold A. Feiveson, and Frank N. von Hippel, "Taking Nuclear Weapons Off Hair Trigger Alert," *Scientific American* (November 1999).

21. "First Irradiated Tritium Rods Arrive at SRS, NNSA Readiness Campaign Reaches Milestone," National Nuclear Security Administration, September 9, 2005.

22. Walter Pincus, "Pentagon Revises Nuclear Strike Plan; Strategy Includes Preemptive Use against Banned Weapons," *Washington Post*, September 11, 2005.

23. "Draft US Defense Paper Outlines Preventive Nuclear Strikes," *Agence France Presse*, September 11, 2005.

24. "Plan Envisions Using Nukes on Terrorists," AP, September 11, 2005.

25. "Bush Administration's Nuclear Policy Slammed by Einstein Associate: Nuclear Arsenals Create More Danger Now than during the Cold War," Press Release Newswire, http://www.prweb.com/releases/2004/10/prweb172783.htm, October 28, 2004.

8. 원자력과 불량국가들

1. Nazila Fathi, "Defending Nuclear Ambitions, Iranian President Attacks US," *New York Times*, November 27, 2005.

2. Larry Rohter and Juan Forero, "Venezuela's Leader Covets a Nuclear Energy Program," *New York Times*, November 27, 2005.

3. Tony Benn, "Bush Is the Real Threat," *The Guardian*, August 31, 2005.

4. Pierre Goldschmidt, "Decision Time on Iran," *New York Times*, September 14, 2005.

5. "Russia Wants to Build More Nuke Reactors for Iran," Reuters, June 28, 2005.

6. Mark Landler, UN Says It Hasn't Found Much New about Nuclear Iran," *New York Times*, September 3, 2005.

7. "Iran Gives IAEA Bomb Part Instructions," Reuters, November 18, 2005.

8. "Russia Wants to Build More Nuke Reactors for Iran," Reuters, June 28, 2005.

9. Mark Landler, "Nuclear Agency Votes to Report Iran to UN," *New York Times*, September 25, 2005.

10. Goldschmidt, "Decision Time on Iran."

11. Seymour M. Hersh, "The Iran Plans," *The New Yorker*, April 17, 2006.

12. Michael T. Klare, "The Iran War Buildup," *The Nation*, http://www. thenation.com, July 21, 2005.

13. Ibid.; Seymour M. Hersh, "The Coming Wars," *The New Yorker*, January 24 and 31, 2004.

14. Klare, "The Iran War Buildup."

15. Ibid.

16. William Arkin, "Not Just a Last Resort? A Global Strike Plan, with a Nuclear Option," *Washington Post*, May 15, 2005.

17. Klare, "The Iran War Buildup."

18. Joel Brinkley, "Iranian Leader Refuses to End Nuclear Effort," *New York Times*, September 18, 2005.

19. Ibid.

20. Ibid.

21. Helen Caldicott, *The New Nuclear Danger: George Bush's Military Industrial Complex*(New York: The New Press, 2003).

22. Ibid.

23. Ibid.

24. "DPRK to Remove and Reprocess Spent Fuel From Yongbyon?" WISENIRS, *Nuclear Monitor*, no. 626, April 22, 2005.

25. Joseph Kahn, "North Korea Says It Will Abandon Nuclear Efforts," *New York Times*, September 19, 2005.

26. "DPRK to Remove and Reprocess Spent Fuel From Yongbyon?"

27. 부시 대통령은 여러 미국 관료들의 말에 따라서 이런 제안들에 동의했다. 왜냐하면 그는 이라크에 묶여 있었고 허리케인 카트리나의 후유증을 처리하며 이란의 핵 프로그램 정지를 진행시키고 있었기 때문이다. 합의가 나타남에 따라 중국은 협상에 서명하든지 아니면 협상 결렬의 책임을 지도록 미국에 상당한 압력을 가했다.

28. Joseph Kahn and David Sanger, "US-Korean Deal on Arms Leaves Key Points Open," *New York Times*, September 20, 2005.

29. "Weapons of Mass Destruction," Federation of American Scientists, http://www.fas.org/irp/threat/wmd.htm, August 17, 2000; and John Steinbach, "Israeli Weapons of Mass Destruction: A Threat to Peace," Center for Research on Globilization, March 2002.

30. "Egypt Proposes Nuclear-Free-Zone in Middle East," *Agence France*

Presse, September 28, 2005.

31. Ibid.

32. Zia Mian and M. V. Ramana, "Feeding the Nuclear Fire," *Foreign Policy in Focus*, September 20, 2005.

33. Dr. S. P. Udaya Kumar, "India: The Energy Carrot and the China Stick," *Nuclear Monitor*, no. 633(September 2, 2005).

34. Ibid.

35. Mian and Ramana, "Feeding the Nuclear Fire."

36. Praful Bidwai, "A Deplorable Nuclear Bargain," *Economic and Political Weekly*, July 30, 2005.

37. Kumar, "The Energy Carrot and the China Stick."

38. Ibid.; and Steven S. Weisman, "US Allies and Congress 'Positive' about India Nuclear Deal," *New York Times*, July 20, 2005.

39. Mian and Ramana, "Feeding the Nuclear Fire."

40. Bidwai, "A Deplorable Nuclear Bargain."

41. Ibid.

42. Ibid.

43. Ibid.

44. Eric Margolis, "Fingers on the Button," *Toronto Sun*, August 14, 2005.

45. "Pakistan Nuclear Weapons: A Brief History of Pakistan's Nuclear Program," Federation of American Scientists, http://www.fas.org/nuke/guide/pakistan/nuke (accessed September 29, 2005).

46. Ibid.

47. Ibid.

48. Ibid.

49. Ibid.

50. Ibid.

51. Ibid.

52. Ibid.

53. Salman Masood and David Rhode, "Pakistan Now Says Scientist Did Send Koreans Nuclear Gear," *New York Times*, August 25, 2005.

54. Ibid.

55. Caldicott, *The New Nuclear Danger*.

56. Ibid.

57. "World Leader Shake Heads as Reforms to Check Nuclear Arms Spread Dumped," *Agence France Presse*, September 15, 2005.

58 Ibid.

59. Ibid.

60. Ibid.

9. 원자력의 답은 재생에너지

1. Timothy Egan, "Seeking Clean Fuel for a Nation, and a Rebirth for Small-Town Montana," *New York Times*, November 21, 2005.

2. Bruce Biewald, David White, Geoff Keith, and Tim Woolf, "A Responsible Energy Future, an Efficient Cleaner and Balanced Scenario for the US Electricity System," Synapse Energy Economics, Prepared for the National Association of State PIRGs Under Contract to the National Commission on Energy Policy, May 2005, US PIRG Reports.

3. Eric Martinot, "Renewables 2005: Global Status Report," REN 21 Renewable Energy Policy Network for the 21st Century, Paper Prepared for the Worldwatch Institute, www.ren21.net; and Amory Lovins, "Renewables to the Rescue: The Nuclear Write-Off," Rocky Mountains Institute, http://www.rmi.org/sitepages/pid171.php#E05-02.

4. John Nichols, "Enron: What Dick Cheney Knew," The Nation, April 15, 2002; Larry Klayman, interview by Bill Moyers, *NOW*, PBS, November 7, 2003; http://www.pbs.org/now/printable/transcript_klayman_print.html (accessed November 11, 2003); "Climate Scientists See Intimidation in Letter from House Energy Chair," BushGreenwatch.org, July 13, 2005; http://www.bushgreenwatch.org/; and Ross Gelbspan, "Katrina's Real Name," *Boston Globe*, August 30, 2005.

5. Amory Lovins, "Nuclear Power: Economics and Climate-Protection Potential," Rocky Mountains Institute, September 11, 2005.

6. 에너지 효율성(전기의 사용을 낮추는 것)이 또한 고려된다면 2005년에 전기 발생의 '분산형 원천'은 원자력에 의한 연간 용량의 열 배를 초과했다.

7. Lovins, "Nuclear Power."

8. www.rmi.org/sitepages/pid171.php#E05-14.

9. Ibid.

10. 지구온난화의 입장에서 보면, 전기 발생 자체는 미국 전체 이산화탄소 방출량의 39퍼센트만을 차지한다. 나머지 61퍼센트는 에너지의 최종용도, 즉 수송에서 발생한다. 에너지 보존에 대한 생각들과 재생에너지 전기 이용에 대한

11. John Deutch, et al., "The Future of Nuclear Power: An Interdisciplinary MIT Study," Cambridge, MA: MIT, 2003.

12. "Global Warming Versus Nuclear Power," editorial, *The New Scientist*, May 14, 2005.

13. David Stipp, "Katrina's Aftermath: The High Cost of Climate Change," *Fortune*, September 2, 2005.

14. Julian Borger, "US States Bypass Bush to Tackle Greenhouse Gas Emissions," *The Guardian*, August 25, 2005.

15. Mark Townsend, "New US Move to Spoil Climate Accord," *The Observer*, June 19, 2005.

16. Lovins, "Nuclear Power."

17. Matthew Wald, "Shifting Message: Energy Officials Announce Conservation," *New York Times*, October 4, 2005.

18. Paul Krugman, "Pig in a Jacket," *New York Times*, October 7, 2005.

19. Borger, "US States Bypass Bush to Tackle Greenhouse Gas Emissions."

20. "US Emissions in a Global Perspective," www.eia.doe.gov/oiaf/1605/ggrpt/pdf/chapter1.pdf (accessed August 26, 2005).

21. Lovins, "Nuclear Power."

22. Larry O'Hanlon, "A New Survey of Wind Power around the Globe Has Found There's Ample Energy for All Humanity Blowing around Us," *Discovery News*, May 24, 2005.

23. Ibid.

24. Ibid.

25. Wendy Williams, "The Danes Choose Wind Energy over Nuclear," Long Island Offshore Wind Initiative, http://www.lioffshorewindenergy.org/, June 7, 2005; and Harvey Wasserman, "Combines in the Sky, Farmer and Community-Owned Wind Power Set A New Green-Energy Trend in the US," *Renewable Energy World Magazine*(London), May-June, 2005.

26. Williams, "The Danes Choose Wind Energy over Nuclear."

27. Harvey Wasserman, e-mail communication, October 2005.

28. Ibid.

29. Ibid.

30. Ibid.

31. Ibid.

32. Dan Juhl and Harvey Wasserman, "The True Free Market Choice: Let's Walk the Talk of Free Markets to Assess the Full Cost of Our Energy Options," Readers forum, *Solar Today*, March/April 2005.

33. Howard W. French, "In Search of a New Energy Source: China Rides the Wind," *New York Times*, July 26, 2005.

34. Ibid.

35. James Meek, "Back to the Future," *The Guardian*, October 4, 2005.

36. Ibid.

37. Gary Rivlin, "Green Tinge Is Attracting Seed Money to Ventures," *New York Times*, June 22, 2005.

38. Joseph Pereira, "Solar Power Heats Up," *Wall Street Journal*, June 2, 2005.

39. Ibid.

40. Craig D. Rose, "3 Billion Approved for Solar Rebates: Massive Program is Pereira's Largest in US History," *San Diego Union Tribune*, January 13, 2006.

41. Ibid.

42. Ibid.

43. Barry Rehfeld, "It's Getting Cheaper to Tap the Sun," *New York Times*, June 18, 2005.

44. Ibid.

45. "Global Warming Versus Nuclear Power," pp. 14–20.

46. Meek, "Back to the Future."

47. The Carbon Trust and D.T.I. Intermittency Literature Survey and Road Map, November 2003, Impact Study Annex 4, and "Variability of Wind Power and Other Renewables," *Management Options and Strategies*, IEA Publications www.iea.org, June 2005.

48. Meek, "Back to the Future."

10. 미래 에너지를 위해 개인들이 해야 할 일

1. NationMaster.com, "Energy Usage Per Capita, Tonnes of Oil Equivalent," IEA, Energy Balances of OECD Countries 1999–2000, IEA, Paris, 2001.

2. Jerry Mander, *In the Absence of the Sacred*, San Francisco: Sierra Club

Books, 1991.

3. Ibid.

4. Ross Gelbspan, "katrina's Real Name," *Boston Globe*, August 30, 2005.

5. Bruce Biewald, David White, Geoff Keith, and Tim Woolf, "A Responsible Electricity Future: An Efficient, Cleaner and Balanced Scenario for the US Electricity System," Prepared for the National Association of State PIRGs Under Contract to the National Commission on Energy Policy, US PIRG Report, May 2005.

6. Ibid.

7. Ibid.

8. Ibid.

9. Ibid.

10. Ibid.

11. Nicholas Kristoff, "A Livable Shade of Green," *New York Times*, July 3, 2005.

12. Ibid.

13. Ibid.

14. Ibid.

15. Bruce Biewald, et al., "A Responsible Electricity Future."

16. Ibid.

17. Ibid.

18. Ibid.

19. Ibid.

20. Ibid.

21. David Adam, "Next Generation of Nuclear Reactors May Be Fast Tracked," *The Guardian*, January 21, 2006.

22. Michael Harrison and Michael McCarthy, "Plan for New Nuclear Programme Approaches Meltdown after Report," *The Independent*, March 7, 2006.

미래를 위한 우리의 선택은 하나뿐이다

현대사회는 물질문명 자체라고 해도 좋을 만큼 화려한 물질의 혜택을 향유하고 있다. 하지만 물질과 에너지의 대규모 남용은 인간의 삶을 윤택하게 해주는 동시에 지구 환경을 매우 피폐하게 만들었다. 이로 인해 갈수록 심각해지는 인류의 에너지 위기와 환경오염, 그리고 지구온난화 문제 등을 과학자들이 계속해서 경고하고 있다. 이미 북극의 빙하와 알프스의 빙설들이 녹고 있고, 우리나라 기후도 점차 아열대화되어 가고 있지만 우리는 이러한 문제들을 거의 의식하지 않은 채 살아간다.

《원자력은 아니다》 또한 석유의 대체에너지로 강력하게 부상하는 원자력 에너지에 대한 거의 모든 것을 파헤치며 인류의 위험을 경고하고 있다. 세계적인 반핵운동가이며 노벨평화상 후보로도 추천되었던 헬렌 칼디코트(Helen Caldicott)는, 이 책에서 원자력 에너지의 채굴, 제련, 우라늄 농축, 원자력발전, 핵 재처리와 방사성 폐기물처리에 이르는 전 과정을 시스템적으로 분석한다. 즉 원자력발전소에서 누출된 방사성 원소들이 인간과 생물에 미치는 영향과 테러의 위험들, 핵무기 확산, 재생에너지의 효율성, 그리고 더 나아가 에너지 절약을 위해 개인이 할 수 있는 실천적 덕목 등 원자력을 둘러싼 모든 것을 다루고 있다. 또한 원자력산업과 관련하여 국가들의 군사적 목적과 기업들의 경제적 이해관계, 고위 정치인들의 탐욕까지도 신랄하게 드러낸다. 결국 독자들은 과연 원자력이 환경친화적이고 경제적인지의 여부를 스스로 판단할 수 있을 것이다.

헬렌 칼디코트는 매우 용감하고 기발한 반핵활동가이다. 2003년 3월 6일자 캐나다 《토론토 스타Toronto Star》에 의하면, 그는 전 세계 사람들에게 "교황이 이라크를 방문하도록 탄원서를 쓰라"고 호소했다. 이라크 전쟁을 저지할 수 있는 사람은 교황뿐이므로, 교황이 이라크를 방문하여 '인간 방패' 역할을 함으로써 임박한 대살육을 막아달라는 호소였다. 《토론토 스타》에 의하면 1999년과 2000년에 교황이 이라크 방문을 희망했지만 실현되지는 않았다. 또한 그는 이라크 전쟁에 사용된 우라늄탄도 언급하는데, 열화우라늄탄은 탱크를 뚫는 강력한 무기이다. 동네 여기저기 널린 망가진 탱크에서 뛰놀며 방사선에 피폭되었을 이라크 어린이들을 각인시키면서 생명 존중의 소중한 가치를 다시 한번 상기시키고 있다.

원자력 문제의 심각성은 특히 환경오염과 경제성, 그리고 핵무기나 군사무기로 사용될 경우 초래되는 군사적 측면들에서 두드러진다. 잘못 사용되면 인류 멸망에 준하는 대참사를 야기할 에너지를 사용하는 것이 과연 합리적인 결정일까? 또한 올바른 판단을 하기 위해 정부나 업계로부터 충분한 정보를 접할 수 있는지, 혹은 전문성의 장벽에 가로막혀 일반대중에게는 제대로 소통조차 되지 못하고 있는 것은 아닌지도 살펴봐야 할 문제이다. 태양에너지와 풍력 등의 경제적인 대안들을 무시하고 세계 각국이 고비용의 원자력 개발만을 추구하는 데에는 군사적 동기도 한몫할 것이다. 권력자와 기득권층이 해결책이 있는데도 진실을 가리고 자신들의 이익만을 구하는 상황이라면 우리는 후손들에게 무엇을 물려줄 것인가.

이 책의 후반부에서는 부시가 악의 축으로 언급한 이라크, 이란, 북한 등의 '불량국가' 들과 국제사회 및 미국의 핵 협상과 갈등을 다루고 있다. 같은 핵보유국이면서도 이스라엘이나 인도 등은 혜택을 받으며 핵비축을 진전시키는 반면에, 이 불량국가들은 갈등차원을 넘어서 초강대국인 미국의 공격을 당했거나 전쟁 위험에 직면해 있기도 하다. 복잡한 국제적 역학관계의 여러 사례를 통해 한반도의 상황에 적용하는 통찰을 얻을 수도 있을 것이다. 비록 과거 시점에서 정리되었지만 북한의 핵문제와 다른 국가들의 사례를 비교 · 정리해볼 수 있으리라 생각한다.

원자력은 환경 문제부터 핵전쟁 위기까지, 인류가 관리하기에는 너무나 벅찬 문제들을 양산해 왔다. 원자력발전소는 거의 일상적인 작은 사고부터 체르노빌이나 스리마일 아일랜드 원전의 경우처럼 치명적인 사고까지 잦은 위험에 노출되어 있다. 더구나 우리는 비행기를 이용한 9 · 11 테러를 기억한다. 만약 테러리스트가 원자력발전소를 공격했더라면 그 살상력과 피해상황은 상상을 초월했을 것이다. 핵전쟁의 가공할 만한 위험은 말할 나위도 없다.

우리는 원자력에 대해 어떤 자세를 가져야 할까? 오늘날 지구와 인류사회에 필요한 자세는 탐욕스런 정치인들이나 일부 폭압적인 핵보유국들의 문제로 남겨두지 않고, 지속적으로 사회적 담론을 구성하고 활발하게 대중이 참여하여 미래를 위한 선택을 해 나가는 일일 것이다.

이 책을 번역하기 위해 참고 서적들을 구하느라 시내 대형서점에 갔지만 출간된 개론서나 교양서의 수가 미미해서 개인적으로 어려움을 겪었다. 이러한 상황은 한편으로 원자력이 그만큼 우리 사회에서 논의 대상이 되지 못했다는 사실을 반영하는 것이다. 원자력을 객관적으로 이해하려는 대중들의 건전한 노력은 더욱 활성화되어야 한다. 앞으로도 원자력발전에 관한 많은 책이 출간되어, 정부와 관련 기관들에 의한 천편일률적인 홍보를 아우르는 객관적이고 시스템적인 평가가 계속되었으면 한다. 《원자력은 아니다》는 과학적으로 접근한 교양서로서, 원자력 관리실태의 허구를 드러내며 핵을 둘러싼 민감한 국제관계를 바라보는 창구가 될 것이다. 동시에 보다 객관적이고 시스템적인 이해를 위해서 한 발 나아가는 시민사회의 건전한 발걸음이기도 하다.

역자의 부족함으로 오역의 우려를 지우지 못하며, 독자들의 날카로운 눈맵시가 계속 역자의 마음속에 부담으로 남아 있을 것 같다. 그럼에도 이 책을 통해 지구를 지키는 것은 만화 속 주인공인 '독수리 오형제'의 일이 아니라 이 책을 읽는 우리 자신의 몫임을 확인하는 계기가 되기를 바란다.

2007년 6월

이 영 수

원자력은 아니다

초판 찍은 날 2007년 6월 29일   **초판 펴낸 날** 2007년 7월 10일

지은이 헬렌 칼디코트
옮긴이 이영수
펴낸이 변동호
출판실장 옥두석 | **책임편집** 이선미 | **디자인** 김혜영 | **마케팅** 김현중 | **관리** 이정미

펴낸곳 (주)양문 | **주소** (110-260)서울시 종로구 가회동 170-12 자미원빌딩 2층
전화 02.742-2563~2565 | **팩스** 02.742-2566 | **이메일** ymbook@empal.com
출판등록 1996년 8월 17일(제1-1975호)
ISBN 978-89-87203-85-0 03400   잘못된 책은 교환해 드립니다.